心理学与生活

晶墨　编著

中国商业出版社

图书在版编目(CIP)数据

心理学与生活 / 品墨编著. -- 北京 : 中国商业出版社, 2021.2

ISBN 978-7-5208-1445-4

Ⅰ. ①心… Ⅱ. ①品… Ⅲ. ①心理学-通俗读物 Ⅳ. ①B84-49

中国版本图书馆 CIP 数据核字(2020)第 243490 号

责任编辑：谭怀洲　王彦

中国商业出版社出版发行

010-63180647　www.c-cbook.com

（100053　北京广安门内报国寺 1 号）

新华书店经销

三河市众誉天成印务有限公司

* * * * *

880 毫米×1230 毫米　32 开　6 印张　136 千字

2021 年 2 月第 1 版　2021 年 2 月第 1 次印刷

定价：36.00 元

* * * * *

前 言

无论是日常交往，还是消费观念；无论是求职社交，还是婚恋教子；无论是职场谈判，还是成功管理，人们都深深地受心理学的影响。

心理学通过行为分析心理，让你在日常生活中逐渐了解自己的内心深处，并帮助你分析周围人的行为和个性，也就是说一旦掌握了相关的心理学知识，那么遇到的难题就可能迎刃而解。例如教育心理学，它可以帮助我们更加了解孩子，开启孩子的智慧；健康心理学，可以帮助我们增进心理健康，提高对社会生活的适应及改造能力；人际关系心理学，可以帮助我们避开心理陷阱，看穿别人的心理诡计；管理心理学，可以帮助我们增强核心力量，攀登人生巅峰；婚恋心理学，可以帮助我们提高生活品质，增加幸福指数，提升生命质量；成功心理学，可以帮助我们获得快乐人生，实现生命价值……

正如心理学专家所言，“心理学是一门与人类幸福密切相关的科学”，它贴近生活、深入实践的独特风格让人如沐春风。通过学习心理学，你就可以知道别人为什么会有某些行为，这些行为背后究竟隐藏着什么样的心理活动，以及别人现在的个性、脾气等特征又是如何形成的，等等。学习心理学知识，对于人的生活、工作、学习、身体、思想、社会交往、文艺、体育等各个方面都有重要作用。

人在心理上的一些变化，也会引起生理上一系列的反应，因此，从很大程度上来说，一个人的心理决定着其健康状况。常见的心理障碍与心理疾病都是由“心”引起的，正所谓“病由心生”，人们只有在了解病情的基础上，进行积极的治疗，才能让身心保持一种平衡健康的状态；只有为心理把好脉，才能让生活变得阳光起来。学会运用心理学，你将清除心理阴霾，成为自己与别人的心理医疗师，通过心理学的暗示来解开心理枷锁，你就能有效地跨越心理障碍，让自己的心灵始终保持健康，充满活力。

《心理学与生活》不仅详细介绍了经典的心理学定律和心理学效应，还全面剖析了心理学在社会生活各个领域的广泛应用以及心理学规律对生活的巨大作用，帮助广大读者通过一本书读通心理学，学会像心理学家一样思考，用心理学的视角和思维观察、剖析种种生活现象，指导自己的行为，解决生活中的各种难题，进而更加了解自己和周围的人。希望在本书的陪伴下，你能够在生活的竞技场上自由搏击，无往不胜。

2020 年 8 月

目　录

第三章　呵护自我必知的健康心理学

第四章　学会爱与被爱的婚恋心理学

第五章　持续精进必备的成功心理学

第六章　处世必知的人际关系心理学

第七章　打造完美事业的职场心理学

第一章

受益一生的经典心理学定律

韦奇定律

从前，有一群青蛙参加了一场比赛，这场比赛其实很简单，只要哪一只青蛙先到达一座高塔的顶端，这只青蛙就成为胜利者。这次比赛，除了参赛的青蛙外，还有许多围观的青蛙。在比赛还没有开始的时候，其中一只围观的青蛙就开始说："塔这么高，你们是不可能跳上去的，还是别费力气了。"一些参赛者听到之后，就没有信心了，真的宣布退出，不再往上跳了。只有小部分青蛙不理会那些泄气的言论，继续坚持，不停地往上跳。但是在跳了一段时间后，围观的青蛙又说："现在离塔顶还有那么远的距离，不论你们怎样努力地去跳，都是无法到达顶点的。"听完这些话后，又有一些青蛙陆续地退出了比赛。只有一只青蛙，不理会任何言论，不受任何影响，还是一直坚持着往上跳。经过了长时间的跳跃，最后这只青蛙终于跳到了塔顶——所有的青蛙都惊呆了。

那些围观的青蛙一直不明白为什么多数青蛙都退出了比赛，只有最后胜利的青蛙一直坚持着，不顾一切地往上跳，也不知道是什么动力促使它一直跳上了顶点。后来这些失败的青蛙终于发现了一个秘密——这是一只聋青蛙。

也许，你觉得你很有主见，但是如果有 10 个朋友的看法和你相反，你就很难做到不动摇。这就是著名的韦奇定律，提出这个定律的是美国洛杉矶加州大学的经济学家伊渥·韦奇。

社会是多元化的，其实每个人在一开始都有自己的看法和想法，但是这种看法和想法难免会因为别人的影响而发生改变。

上文所举的青蛙的例子就很好地说明了这一点。很多青蛙一开始兴致勃勃地来参加比赛，可因为它们听信了别的青蛙的话，就再也不能坚持自己可以到达塔顶的信念；相反，那只聋青蛙则完全不理会那些言论，只是一步一个脚印，不辞辛苦地勇往直前，最后它到了塔顶，取得了胜利。也许这是处理类似情况时的一个好办法。

其实大部分人都是很容易被别人的话左右的，这就导致他们不能忠于自己，对自己不自信。他们总认为别人说的话才是正确的，有道理的，这样一来自己的情绪就会受到影响，有时会因为别人的几句话而勃然大怒——拿别人的话来折磨自己，有时也会因为别人无意中的话而让自己陷入烦恼，这实在是一件不仅愚蠢还很可笑的事情。

有这样一个故事：有一个小和尚非常苦恼，他去找师父诉说："东街的大婶称呼我为大师，西巷的大伯骂我是秃驴，张家的阿哥表扬我清心寡欲是个好和尚，能够做到四大皆空，可刘家的小姐说我凡心未了，我究竟算什么？"师父没有直接回答他，只是指着旁边的一盆花和一块石头。小和尚明白了师父的意思。师父的用意很明显，一盆花它就是一盆花，一块石头它就是一块石头，完全不必在乎别人的看法，有人要说石头是花，石头有必要去跟那人生气吗？有人说花是石头，花也不应该有任何的痛苦。因为你是什么就是什么，是不会改变的。

根据这条定律，在现实中，别人的评论有时会改变一个人，很多人也很在乎别人的评价，这就导致他们活得非常累，因为在这个时候，他们已经完全不是为自己而活了，而是在为别人的评价而活。如果是这样，就完全丧失了自己独立的个体精神，使自己在某种程度上沦为他人言论的奴隶。

你要明白一个道理：你不可能被世界上所有的人喜欢，你也不会喜欢世界上所有的人，而且并不是所有人的话都是正确的。因为每个人都是不一样的，不是所有人都是智者。有人说你这不好你就去改变，等你改变之后，你会发现，还会有别的人说你那样做是不对的，那么，在这个时候，你该听谁的呢？所以，你最好是只听自己的，遵从自己内心的真实想法，走自己想走的路。

在影视产业非常发达的美国，有一位非常著名的女演员，名字叫索尼亚·斯米茨。她童年时在加拿大一个农场附近的小学读书。一天，她放学回来之后哭了起来，父亲就问她是怎么回事，她说他们班级里的一个女生说她长得很丑，跑步的姿势也非常难看。

父亲听完后大笑了起来，他并没有说“你长得很好看，跑步的姿势也很好看”之类赞扬的话，而是说：“我能够得着咱们家的天花板。”

听到父亲说的怪话，索尼亚·斯米茨很是惊奇，她不知道父亲为什么把话题扯到天花板上，就问了一句："你在说什么？"

父亲很有意味地回答说："我是说我能够得着咱们家的天花板。"索尼亚于是不再哭了，她看了看天花板，感觉实在太高了，足有 4 米的高度呢，父亲怎么会够得着呢？虽然她这个时候还很小，但是她看看父亲的身高，再看看天花板离地面的距离，她怎么也不相信父亲说的话。

父亲这样问她："你不信，对吗？"索尼亚轻轻地点了点头。

父亲又继续说："这样就对了，那么，你也不要相信那个女孩子的话，因为，不是每个人说的话都是事实，不是每一个人说的话都是真的。"

当然，在现实生活中，我们还需要注意的是，有些人有这样一种心理：你越是这样说，他就越是认为你所说的是错误的。这也是不对的。兼听则明，偏信则暗，这是亘古不变的真理。对于其他人的观点和言论，你可以听一听，但完全可以经过分析后再决定是继续坚持自己的看法，还是接受别人的看法，这只能看你自己，最终的决定权还是由你自己来把握。

奥里森·马登先生曾对所有成功人士的人格特质进行了一次总结性研究，他发现这些人充分相信自己的能力，深信自己即将从事的事业是自己的终生目标，相信自己必然能够成功。有了这种信念之后，他们在做事情的时候就能排除一切艰难险阻，按照自己的意愿取得胜利，并且让一切成真。

墨菲定律

墨菲定律严格来说并不是一条定律，在美国，这更像是一句俗语，其中蕴含着很多心理学上的有趣现象。爱德华·墨菲是一名机械工程师，1949 年，他参加了美国空军 MX981 实验。美国空军做这个实验的目的是为了测定人类对加速度的承受极限，参加这次实验的志愿者们被绑在火箭驱动的雪橇上，工作人员将监控器具安置在这些志愿者身上进行试验。其中有一个实验项目是把 16 个火箭加速度计悬空安装在受试者上方。当时有两种方法可以将加速度计固定在支架上，不可思议的是，竟然有人会有条不紊地将 16 个加速度计全部装在错误的位置。

这位工程师墨菲当时随便说了句："如果一件事情有可能被弄糟，让他去做就一定会弄糟。"随后，这句话被那个志愿者在记者招待会上引用，从此，这句话成为一个著名的论断并在世界各地迅速流传开来。

比如说，你的口袋里有两把钥匙，一把是房间的，另一把是车钥匙，你想拿出车钥匙，可结果会是怎样？你往往拿出的是房间钥匙。墨菲定律其实就是说，容易犯错误是我们人类无法避免的一个弱点，不管科技发展到什么程度，错误总是会在不经意间发生。所以，根据这一定律，我们也可以得到启示，那就是最好“未雨绸缪”，只有这样，我们才可能从容应对一切可能出现的麻烦，对错误尽可能地规避。

当我们认为一件事情没有任何漏洞的时候，一定要注意，墨菲定律会让我们体会到事情的不可捉摸性和多变性，这也促使我们在做事的过程中追求更完善更严密，让我们获得最终的成功。

曾经有一位国外的管理学家去某地演讲，地点是一个比较偏僻的度假村，这位管理学家出了机场后，主办方开车来接他。在路上，他发现后面总有一辆车跟着他们，管理学家就问后面那辆车是什么车，主办方的人说那是他们自己的车，是为了防止管理学家乘坐的这辆车抛锚；在会场演讲的时候，他发现有两个麦克风，管理学家觉得很好奇，主持会议的人说之所以为他准备两个麦克风是为了防止其中一个失灵。

管理学家演讲结束之后，他忽然发现身后站着一个与众不同的人，管理学家就问他是不是也要发表演讲，那位先生很客气地说：“如果你没有来的话，我就得演讲了，但是现在不用了。”这让这位知名的管理学家由衷地感到佩服。

我们的生活中，在一件事情还没有出错之前，你完全有必要先假设它会出错的可能性，不要存有任何侥幸心理，这样做的好处就是，你完全可以把损失减小到最低。凡是可能会出现的错误，都有可能出现，如果抱着侥幸的心理，那么当错误出现的时候，你就会手忙脚乱，不知所措。

不管怎样说，一旦出现错误，懊悔是没有用的，我们必须学会制订各种预案，在事件的发展过程中不断调整和完善。在现实生活中，确实有一些人，他们在制订一个计划的时候，认为出现意外事件的情况是零，这样的计划应该说是不切实际的。我们只能说出现意外情况的概率小，但不代表不存在，这个很小的概率说不定在什么时候就会出现。所以，有备无患，防患于未然。

相悦定律

乔·吉拉德的名字对很多人来说可能有点陌生，但他在销售界可是大名人，被称为世界上最了不起的销售大师。他成功的秘诀就是让顾客喜欢他。为了得到顾客的喜爱，他会去做一些在别人看来费力不讨好的事。例如，每个月，他的1.3万名顾客都会收到他寄来的问候卡片，乔的卡片上永远都只有这样一句话——“我喜欢你”，除此之外，别无他语。

要知道，这不是一个人或两个人，而是在1.3万人的信箱里每月都准时地出现写有“我喜欢你”的贺卡。就是这样一种不可思议的方法帮助他平均每天卖出5辆车，年收入超过20万美元，创造出连续12年销售第一的奇迹。

也许“我喜欢你”只是一句很普通的话，一句让人听起来明知是推销手段、缺乏个性的话，却令人难以置信地让乔·吉拉德取得了如此卓越的成绩。事实证明，这是相悦定律在起作用——喜欢引起喜欢。

人际关系中所体现的互相吸引的相悦定律，就是指人与人在感情上的融洽和相互喜欢，可以强化人际间的相互吸引。更简单地说，就是喜欢对方就会引起对方喜欢，也就是情感上的相悦性。决定一个人是否喜欢另一个人的一个强有力的因素是另一个人是否喜欢他，这是非常重要的。

相悦定律是一个非常重要的定律，在人与人的交往中发挥着很大的作用。在我们的生活中，人们都很喜欢那些能够给自己带来愉悦的人，假如说，对方可以给自己带来某些方面的愉悦感，就会有一种力量促使自己去接近对方。

在“我喜欢你”这简单的4个字中，我们可以看到，正是因为乔·吉拉德告诉他的客户们“我喜欢你”，才使得他的客户们会喜欢他，也就更加愿意购买他的产品。我们别小看这么一句简单的话所起的作用，它能让对方知道你的想法，否则就算你是真心喜欢和感谢你的顾客，如果缺少了这么一张卡片，对方也不会知道。

在我们的日常生活中，人们的相互喜欢主要体现在语言和态度上。对于好话我们往往是难以拒绝的，对于逆耳之言则非常抗拒。几乎所有人都喜欢真诚与温和的态度，不喜欢虚情假意和横眉立目，这是人类天性中的一个致命弱点。

科学家们曾做过一个实验，非常清楚地表明了我们在“好话”面前是多么难以自拔。实验内容是：将受试者分为3个小组，让他们听另外一些人对他们的评论，而这些评论内容来自想要得到他们帮助的人。其中一些人只听到正面评论，另一些人只听到负面评论，还有一些人好坏评论都听到了一些。结果，这个实验有3个有趣的发现：首先，那些只提供了正面评论的人最为人们所喜欢；其次，即使人们完全明白这个评论者有求于他们，他们仍然最喜欢那些称赞他们的人；最后，正面评论不一定都符合被评论者的实际情况，但不管一个人的奉承是否合乎事实，那些奉承者往往都同样会赢得被奉承者的好感。

其实从这一点来看，“表达自己的喜爱”“好听的话”都能给他人带来极其愉悦的内心体验，从而引起对方的喜爱。生活中处处都存在着相悦定律，我们也应该更加充分地运用好这个定律。

相关定律

加拿大史卡拉特医学院附属高中的17岁学生莱丝莉·斯考吉，年纪不大，却有着传奇的经历。从10岁起，她把自己兼职工作所得的收入，用于投资加拿大储蓄公债，之后她又投资基金和证券市场。莱丝莉·斯考吉没有透露自己财产的具体数目，但她在著名的普拉电视台“脱口秀”节目上，向观众展示她的所有投资文件，以证明当她25岁时，完全能够拥有100万加元。

斯考吉说，她在很小的时候就有强烈的赚钱欲望。她很早就看比尔·盖茨的人物传记，甚至研究了美国《财富》杂志每年所列的全球最富的100个人。据她自己的发现，在100人中有95个人从小就有发财欲望，57个全球巨富在16岁之前就想到了要开一家属于自己的公司，而有43位现在的全球巨富在成年之前已做过第一桩生意。她得出结论：如果想要致富，必须从小就有赚钱的想法，有了这种赚钱的想法，才会有进一步赚钱的动力。

斯考吉主张年纪尚小的投资者应选择长线投资。正是由于年纪还小，所以对于股票和证券市场的瞬息变化不敏感，也没有很好的分析方法，因此比较适合做长线投资。例如，斯考吉专注于一家钢铁企业的股票。经过观察，她发现了一个十分有趣的现象：每当这家钢铁企业的股票下跌到每股5美元以下时，那家证券营业点门口就会多出很多摩托车，过一段时间股价就会涨回去。等这家钢铁企业的股票涨至每股9美元左右时，该营业点门口的摩托车又会多起来，接下去，该股票肯定会跌。

经过她长期的调查研究发现，出现这种现象的原因是，这家钢铁厂距离该营业点不远，工人们不喜欢看到企业股票下跌，所以每次这家钢铁企业的股价较低时，他们都会自发地、尽自己所能地买进一些股票，从而带动整个股价上升；等到该股票升至一定高位，工人们又开始抛售手中的股票，致使该股票的股价回落。而摩托车正是加拿大工人们往返证券营业点最常用的工具。斯考吉发现这一规律之后，只要根据那家营业点门口的摩托车数量就可以决定买进与抛售。也就是说，她发现了摩托车与股票之间涨跌的关系。这也就是我们这里将要说到的相关定律。

相关定律对我们有一个启示：其实在这个世界上的任何事物之间都会存在一定的联系，在这个世界上没有一件事情是完全独立的，所有的事物都像是在一张大网之中，要解决某个难题最好从其他相关的某个地方入手，而不只是专注在一个困难点上。我们所生活的整个世界本身就是相互联系的整体，相互统一而不可分离，不同事物会相互作用与相互影响。

“城门失火，殃及池鱼”，是一个很常用的成语，与这一成语相关的故事也流传甚广。那是在很久以前，有一座城池，城门下面有个池塘，一群鱼儿在池塘里自由自在地游着。可是一天城门失火了，一条鱼大叫道：“不好了，失火了，大家快跑呀。”但是其他的鱼却不当回事，觉得城门失火和自己没有什么关系，完全用不着大惊小怪的。于是只有大叫的那条鱼逃走了。这时，城里的人全都出来取池塘里的水救火，当城门的火被浇灭时，池塘里的水也干了，满池的鱼都干死了。火、水和鱼是有密切联系的，生活中其他方面其实也一样。当整个链条的某一环节出现危机时，其他的环节也会受到影响。

根据这个世界上事物间普遍联系的原理，人们总结出了这条相关定律。比如以环境问题为例，一家化肥厂每天排出大量废气，所排出的废气不仅对职工的身体有很大的影响，还会严重影响化肥厂周围居民的健康；同时也破坏了人们的生存空间以及空气之间各物质元素的平衡，还会对农业、气候产生非常恶劣的影响。所有的事物都是整个链条上的一环，有一个细节出错就很可能导致满盘皆输。如果化肥厂可以遵守国家标准对废气进行处理，则会使多方受益。这是一个物质循环的过程，各个要素之间是相辅相成、缺一不可的。

相关法可以说是一个比较有创造性的思维方法，人们的思路在寻找最佳思维的结论时，会受到其他已知事物和已知特性的启发，从而联想到自己正在寻求的思维结论所有的相似和相关的东西，这两者一旦经过互相结合，就达到了“以此释彼”的目的。宏观地看待事物，以优点弥补缺点。当然，相关法的运用离不开较强的联想力。

如果要在生活中灵活运用“相关定律”，在创造性思维的活动中让相关法发挥得淋漓尽致，这就要求我们具备洞察事物间相关性的能力，有能力抓住事物的本质，把握关键性的问题，善于把自己所思考的内容中的各种要素进行分解、整理，提高自己的联想能力。如果不经过训练，思维过于单一的话，对相关的事物视若无睹，就很难获得创造性的思维方法。

一家单位因工作需要购进了一批计算机及相关设备，并准备修建一个新的机房。当所有的事情都准备得差不多的时候，在新机房是否需要安装空调这一问题上，领导与员工们分歧较大。领导认为员工们的工作环境中都没有空调，机房也没有必要安装空调。虽然有关人员据理力争，表明安装空调并非为了员工，而是为了保养机器，但是领导还是不批准。

有一次，单位领导带领员工们一起参观了一个文物展览，领导发现其中一些文物居然有了毁坏和破损，就向讲解员询问原因。通过进一步了解，原来是我国的文物保护部门缺乏足够的经费，对文物的保护力度相对较弱，不能使文物保存在一种恒温状况下所致。领导听后，陷入了沉思，在这个时候，站在一旁的机房负责人老王借机对领导耳语道：“王局长，机房里装空调也是这个道理呀！”

领导惊讶地看了他一眼，然后压低声音说：“回去再打个报告上来。”后来，这位领导批准了机房工作组的要求，为他们装上了空调。

老王不失时机地将眼前的景象同自己所要提出的建议联系起来，这是一种机智的表现，也是处事能力强的体现，这种做法让领导产生由此及彼的类比和联想，从而让领导更容易接受自己的意见。也就是说，不是提意见，而是诱导领导自己去思考，从而达到自己的目的，由此我们也可以想到，如果只是运用言语上的据理力争，没有同理心，是不会引起重视的。这个世界所有事物之间的联系是客观存在的，不是臆想，只是很多时候我们缺少这样一种眼光，导致无法厘清那些千丝万缕的联系。如果得不到有效的解决，难题最终还是难题；如果换一种思路，寻找一下问题之间相关联的东西，那么难题就能迎刃而解。

洛克定律

1984 年的东京国际马拉松邀请赛是一场举世瞩目的赛事，夺得世界冠军的是名不见经传的日本选手山田本一。当记者找到他，问他凭借什么取得如此惊人的成绩时，他说了这么一句话："凭智慧战胜对手。"当时的记者还觉得很奇怪，毕竟跑步和智力听上去是完全没有关系的事情。

马拉松比赛本是考验体力和耐力的运动，是人类挑战自我体力的极限运动，只有身体素质好又有耐力的选手才有望夺冠，爆发力和速度都还在其次，很多人连走都走不完整个赛程。当时很多人都认为这个偶然跑到前面的矮个子选手是在故弄玄虚。

然而就在两年以后，意大利北部城市米兰举行了意大利国际马拉松邀请赛，代表日本参加比赛的仍然是山田本一，这一次他又获得了世界冠军。还是那位记者，又请这位冠军谈经验。性情木讷、不善言谈的山田本一，回答的还是上次的那句话："凭智慧战胜对手。"这次记者依然对他所说的"智慧"感到迷惑不解。。

直到 10 年之后，这个谜底才被揭晓。山田本一在他的自传中写到：把比赛的线路仔细地看一遍是我每次比赛之前必做的工作。我在观察的时候，还会把沿途比较醒目的标志给记录下来，就比如第一个标志是银行，第二个标志是一棵大树，第三个标志是一座红房子……我就像这样一直画到赛程的终点。等到这场残酷的比赛开始后，我就以百米的速度奋力地向第一个目标冲去，在我给自己设定的第一个目标到达后，我又以同样的冲刺速度向第二个目标冲去。马拉松一共是 40 多公里的赛程，就被我分解成这些小目标轻松地跑完了。当然，这与平日的训练也是有关系的。其实刚开始的时候，我并不懂这样的道理，我和别人一样，就把我的目标定在 40 多公里外终点线的那面旗帜上，可是没想到的是，我跑了十几公里后就疲惫不堪了，前面那段遥远的路程把我给吓倒了。我没有力气了。

洛克定律其实就和这个故事的意思相差不远，具体是指，当目标既是未来指向的，又是富有挑战性的时候，它便是最有效的。洛克定律在学界又有“篮球架原理”的叫法。

制定一个奋斗目标是所有成功的前提，如果未曾制定目标，却获得成功，那么除了侥幸就不再有其他可能。可是目标并不是不切实际地越高越好。在我们的生活中，我们每个人都有自己的特点，有着别人无法模仿的一些优势。要想获得事业上的成功，就必须好好地利用我们自身的这些特点和优势去制定适合自己的目标和实施目标的步骤。没有目标的人诚然不好，但是有目标，而目标太大难以实现，也不是一件令人愉快的事情。因此，确定切实可行的目标，才是在竞争中制胜的法宝。

有这样一篇真实的报道：在美国有一位百万富翁，曾经是一个乞丐。在我们一般人心中难免怀疑：依靠人们施舍零钱的人，怎么可能拥有如此巨额的存款？其实，这些存款并非凭空得来，而是由一点点小额存款积聚而成，1 分到 10 元，到百元，到千元，到万元，直到百万，就是这么积聚而成，像是雨水汇聚成汪洋大海。如果仅仅想靠乞讨很快地存够百万美元，那几乎是不可能的。

打篮球的经历大多数人都有过，因此，我们知道篮球是一项风靡世界的运动，同时也都知道打篮球与踢足球相比，投进一个球比踢进一个球要容易很多。其中的道理非常简单，这跟篮球架的高度有关，如果把篮球架做成两层楼那么高，那么你要进球可就不那么容易了。这就是我们所提到的心理定律的具体体现，反过来讲，假如篮球架就只有一个普通人那么高，进球就要容易多了，可是我们还会去玩吗？就是因为篮球架有一个适当的高度，我们跳一跳就够得着，才使得篮球成为一项世界性的体育项目，这也是人们喜欢打篮球的一个重要原因。人们会享受投进球之后的快乐和成就感。可是如果把篮球架设计得很高，几乎没有人能投进去，估计这项运动就没有人关注它了，因为一个人在没有达到自己给自己定下的目标时，或者目标离自己太远时，就会轻易地放弃。一个“跳一跳，够得着”的目标往往才最具有吸引力，人们当然会以高度的热情去追求这样的目标。因此，设置这种“高度”的目标，就可以轻而易举地调动人的积极性。在美国，篮球赛事是举国的盛事，美国的篮球运动员更是凭借对篮球的热爱，将之变为一种魔幻般的享受。这就是我们所说的洛克定律所产生的效果。

布朗定律

有一名对上帝十分虔诚的修女，为了拯救受难的人们，独身一人来到印度。她看到当地的人们因为贫困而衣衫褴褛甚至没有鞋子穿，于是她暗下决心，自己也不穿鞋子，因为她觉得大家都是一样的人，认为这样做可以更加贴近他们从而更好地帮助他们。在听说了她的事迹之后，来印度拜访她的戴安娜王妃，还因为自己穿了一双洁白的高跟鞋而感到无地自容……

后来，混乱的中东再一次发生了战争，这位修女孤身一人来到战场，当这位修女被发现的时候，作战的双方竟然不约而同地停止了攻击，眼睁睁地看着她把战区里的妇女和儿童都救了出去……

这位修女最终是在印度去世的，印度举国上下都为此而悲痛，她伟大的灵魂将永远矗立在人类的天空。在她的灵柩经过的地方，没有人会站在楼上，因为没有任何人会想自己站得比她还高。在那高贵的灵魂面前，每一个人都不得不变得卑微。直到她去世的时候，她遗体的双脚依然是裸露的，她在向世人宣告：她是与那些贫苦的人们平起平坐的。这位伟大、高尚的修女就是特蕾莎，她的名字永远被人铭记。

这个修女的故事不仅让我们知道了她的高尚，让我们知道灵魂的价值，同时也告诉我们：找到心锁就是沟通的良好开端。知道别人最想要的是什么，别人的意愿就会很轻易地在你的把握之中。这也正是我们下面要说的布朗定律。

布朗定律的具体含义是指一旦找到了打开某人心锁的钥匙，那么就可以通过反复使用这把钥匙去打开他的某些心锁。它是由美国职业培训专家史蒂文·布朗第一个提出的，所以也就以他的名字命名。

比如说：现在有一把坚实的大锁挂在大门上，一根铁棒费了九牛二虎之力，就是无法将它打开。钥匙来了，瘦小的身子钻进锁孔只是轻巧地转了一转，大锁就“啪”地一声打开了，铁棒好奇地问：“为什么我费了那么大的力气也打不开，而你却这么轻松地就把它打开了呢?”钥匙说：“因为我最了解它的心。”道理很简单，钥匙懂得锁的锁芯，因此就可以很容易地把锁打开了，而铁棒就算花费再多的功夫也无济于事，因为它没有找到打开锁的那把钥匙。

其实在很多时候，当我们与某些人沟通时，难免会因为沟通不畅而导致失败。即使我们很乐意沟通，可对方好像处于某种桎梏中，这样就会表现得跟任何人都格格不入，不仅他的情绪不好，思想孤僻，拒绝与外界交流，处于“绝缘”状态，任何信息的输入都受到阻挠；而且他还视而不见、充耳不闻，任何人都无法访问他的心灵世界，不知他的真实想法是什么。

实际上，类似这种沟通上的障碍现象并不少见，当一个人遇到不快或者受到强大的外界不良刺激时，如遭遇亲情、爱情、友情等情感上的失落，又比如在工作、事业上碰到各种各样的挫折，等等，此时你就会觉得他和从前相比简直就像两个人，不仅表现反常，甚至还有点奇怪。就算这个人是与你属于同一个类型、同一个层次，曾经给过你不少好印象，而且与你沟通得非常融洽，可是现在仿佛一切都变得不一样了，他变得难说话、难沟通，让人难以理解了，那我们应该怎么办呢？

其实，对于这种看似困难的沟通，我们恰恰不应轻言放弃。你与他之间的许多共同点就是你们沟通的前提和条件。这种沟通的暂时性障碍也是并不少见的，只要你坚持和努力，并且把握一定的技巧，慢慢地接近，走进他的心灵，找到开启他心锁的那把钥匙，很多问题都会迎刃而解。

非理性定律

这是一个在情侣中广为流传的故事。曾经有这样一对情侣，他们之间相处得非常好，但是这个男人有一个很大的缺点就是怯懦，女友对此十分不满。有一次，两人出海游玩，不想中途遭遇大风，两人的小艇被摧毁，双双落入海中，幸亏女子抓住了一块木板才保住了两个人的性命。女子问自己的男友："你怕吗？"

男友掏出一把水果刀说："我怕，可是如果有鲨鱼来了，我会用这个对付它的。"

女子知道她的男友是一个懦弱的人，所以只能苦笑。

就在这时，一艘货轮发现了他们，与此同时一群鲨鱼出现了。女子大叫："我们一起用力游，会没事的！"

但是男友却突然用力将女友推进海里，自己扒着木板朝货轮游去，并大声喊道："这次我先试！"

女子就这样看着男友的背影，感到非常绝望。

鲨鱼向女子逼近，但奇怪的是，它们对该女子并不感兴趣，只向男友冲去，男友被鲨鱼撕咬着，他发疯一般冲女友重复地喊道："我爱你！"

女子获救了。甲板上的人都在默哀，船长走到女子身边劝其节哀并说：“小姐，他是我见过的最勇敢的人。我们为他祈祷！”

“怎么可能，他是个胆小鬼。”女子冷冷地说。

“您怎么能这么说呢？刚才我们一直用望远镜观察你们，我看到他把您推开后用刀子割破了自己的手腕。鲨鱼对血腥味很敏感，如果他不这样做来争取时间，恐怕您永远都不会出现在这艘船上……”

女子一下子昏了过去。

简单地说，非理性主要是一切有别于理性思维的精神因素，如情感、直觉、幻觉、下意识、灵感。非理性定律告诉我们，我们人类，从根本上来说都是感情型动物，所谓的理性，反倒是我们人类拥有了智慧之后的独到发明。尤其是当我们去判断一件事情的时候，个人的喜爱、厌恶、是非观念往往决定了我们的态度，严重影响着我们自己的未来。

故事中的女子，就是因为先入为主的印象误会了她的男友，在她看来，她的男友是贪生怕死之辈，平时表现得胆小懦弱，到了生死关头更是不可能保护自己，这当然是带有强烈主观色彩的判断。而船上的人却在望远镜里看到了真正的事实——这名男子并非懦弱，他才是真正的英雄，是世界上最勇敢的人。他为了救女友，不惜牺牲了自己，但是可惜的是，这个男人所做的这一切，他的女友开始的时候并不知道，还很鄙视他。

这里还要提到一个著名的冰激凌实验。有两杯冰激凌，摆在一群人面前，让他们选择，一杯有 7 盎司，装在一个 50

毫升的杯子里，显得满满的，看上去就像要溢出来一样。另一杯有8盎司，装在一个100毫升的杯子里，看上去比较少，没有装满。实验的结果明确显示，人们都愿意花多的钱去买那杯只有7盎司的冰激凌。

也就是说，人们总是习惯以情感去判断眼前的事物，并且用主观能动性去断定，也就是非理性。人们判断一个人、一件事，内心的情感起着非常巨大的作用，甚至可以全面左右整个判断结果。这也就不难理解为什么同样一件事情，有人是这样看，而有人会得出截然相反的观点。

英国的《新科学家》曾经报道，加拿大心理学家做过一项关于男人的理性研究，结果表明，在美女面前，很多男人都会丧失理性，为了美女，他们宁愿放弃大好的事业和前程，表现出一种只爱美人不爱江山的气概。这也给很多古代英雄美人的传说提供了新的理论支持。

加拿大马克马斯特大学的马尔戈·威尔逊和马丁·达利让209名男生和女生分别观看了异性的照片。这个并不复杂的实验结果显示，男生在面对漂亮女性的时候，往往更愿意选择短期利益而不是长期利益，做出的是“非理性”选择。男生在面对长相一般的女孩的时候，看重的是与这个女孩未来的发展，做出的是“理性”选择；与此相反，女生无论面对长相一般或者长相英俊的男生，看重的都是未来的前景，做出的都是相同的“理性”选择。这和男女之间挑选配偶的不同有很大关系。

生物学家还告诉我们，除去人以外，对于动物而言，它们更喜欢眼前的利益而不是长远的利益，即使眼前的利益要比未来可能获得的利益小很多。这种被称为“未来利益折现”的选择过程对于人类当然也同样适用。比如，对于马上就要到手的现金和未来的现金，我们会觉得马上到手的现金更有价值。

其实在我们身边就有一个特别明显的例子。彩票大奖得主可以一次性把奖金领走，但这样做要缴纳高额税费，使奖金大幅度缩水。但是也可以采取另一种做法，那就是分期领走奖金，这样做的话，大奖得主就可以领到更多的钱。但是，很少有人会这样做，通常人们都会一次性把钱领走，虽然他们知道以后可能会领到更多的钱。人们只看到了眼前的利益，即使长久来看有更好的利益可得，但是他们还是不会选择长远的利益。这个定律不仅可以给我们敲响警钟，而且可以适当地应用在商场上，用短期利益来吸引人，然后将长期利益留给自己。

第二章

无处不在的常见心理学效应

破窗效应

美国斯坦福大学心理学家詹巴斗在很多年以前进行过这样一项实验：首先他找了两辆一模一样的汽车，然后他在帕罗阿尔托的中产阶级社区摆放一辆，而另一辆则停放在相对杂乱的布朗克斯街区。他首先把停在布朗克斯街区的那辆车的车牌摘掉，而且还把顶篷打开了。结果不到一天这辆车就被人偷走了，而那辆放在帕罗阿尔托社区的车，没有动过手脚，结果摆了一个星期也无人问津。后来，詹巴斗用锤子把那辆车的玻璃敲了个大洞，然后扬长而去。结果几个小时以后，詹巴斗再回来时，车子已经不知所踪了。

没修复的破窗，导致更多的窗户被打破，这就是著名的破窗理论。这是由美国政治学家威尔逊和犯罪学家凯琳观察总结而得出的，这充分说明环境可以对一个人具有强烈的诱导性和暗示性。

破窗理论认为：当有人打坏了一个建筑物的窗户玻璃而没人去维修时，其他人可能就会受到某些暗示性的纵容去打烂更多的窗户玻璃，时间一长，这些破窗户就会造成一种杂乱无序的感觉，从而导致更多的窗户玻璃被打坏。就像是一面墙，如果出现一些涂鸦没有被清洗掉，很快地，墙上就布满了乱七八糟、不堪入目的东西。一个很干净的地方，人们不好意思丢垃圾，但是一旦地上有垃圾出现之后，人们就会毫不犹豫地丢垃圾，丝毫不觉得羞愧。同样，在一个麻木不仁的环境中，犯罪也会滋生得更快。例如在商场的门口散落着一地的碎玻璃，这个时候一名年轻人拿着一个空啤酒瓶走了过来，只见他毫不犹豫地把瓶子砸向了那堆碎玻璃。附近的保安看见了，赶紧过来呵斥他："你怎么能这么做？居然把瓶子砸在这里！"这个年轻人一听也是火冒三丈："怎么不行啊！这里不是早就有一大堆碎玻璃了吗？"

如果商场门口没有这些玻璃的话，这名年轻人还会不经思考、毫不迟疑地就把啤酒瓶砸过去吗？结果就不会这么肯定了，至少会的概率要比不会的概率小得多。

因为人们都有这样的心理：这个地方本来就有垃圾，让它再脏一些也没什么。正是因为人们都得出如此结论，所以，残缺的东西会变得更加残缺，完美的东西大家都想尽力去保护，根本就舍不得去破坏。这种想法比较微妙，甚至和道德没有什么关联。因为一个人在一个干净的地方乱扔废弃物，他会受到道德的谴责，内心也会有一丝不安，可要是前面有很多人已经随手扔过了，他再这样做就不会觉得自己触犯了什么道德。

后来，人们为了验证这一心理定式，还在其他城市进行了类似实验。在一条干净的街道上，人们先扔了一些生活垃圾。结果，几天以后，整条街道都变成了垃圾场，所有可以随手丢掉的垃圾，比如碎纸、塑料袋、烟头、空瓶子等，都被丢在了街道上，无人清理。

同时，还有一条街道也在进行试验。不过这条街道是让它从原来的不整洁变成干干净净，等这种整洁的状况维持了好几天之后，街上就出现了一种很自觉的现象。一旦出现脏东西，很快就会有人主动把它扔进垃圾箱，如果碰到外人乱扔垃圾的情况，还会有人积极去制止。后来那条街道一直维持着它的清洁。

在企业管理中，管理者也可以参考一些心理学效应的常识来对待一些人事处理方面的问题，特别是对于那些触犯企业核心价值观念的“小奸小恶”，进行严肃的处理是很有必要的，切不可随心所欲，放任自流，这样做的目的是防止“千里之堤，毁于蚁穴”。

在美国，有一家公司以极少炒员工著称。有一天，为了赶在中午休息之前完成规定的工作任务，资深熟手车工汤姆在切割台上工作了一会儿之后，就把切割刀前的防护挡板卸下放在一旁，因为他觉得自己目前的切割水平不会有任何问题，没有防护挡板可以更方便、更快捷地收取加工零件。无意中走进车间巡视的主管看到了这一情况，大发雷霆，不仅监督着汤姆立即将防护板装上，而且站在那里大声训斥了半天，汤姆一整天的工作量也被作废了。

汤姆吸取教训以后以为事情到此就结束了，可是没想到，第二天早上上班的时候自己就被通知去见老板。在总裁室，汤姆听到了要将他辞退的处罚通知。总裁给出的理由很充分，也让汤姆心服口服。总裁说：“身为老员工，你应该比任何人都明白安全对于公司意味着什么。你今天没有完成任务，少实现的利润，公司可以换个人、换个时间把它们补回来，可你一旦发生事故失去健康乃至生命，那是公司永远都补偿不起的，这是对你以及对公司负责的决定，希望你能理解。”汤姆在离开公司那天禁不住流泪了，在公司工作的几年时间里，汤姆有过风光，也有过不尽如人意的地方，可是公司从没有要求自己辞职。可是这一次不一样了，汤姆知道，这次公司灵魂的东西被他碰触了。

管理者之所以如此严肃地处理那些不遵守规章制度的人，其实也是为了让企业有一个优良的传统和习惯，让所有人都能够将这种传统和习惯坚持并延续下去。如果事情发生以后管理者睁一只眼、闭一只眼，那么，结果就会像一幢建筑物的某扇破窗户没有及时处理，最终会导致很多扇窗户都被破坏一样。由此可见，很多小事情如果听之任之，那么累加起来将会酿成大祸。

根据破窗理论，我们可以解决很多隐患和问题。

一个公共厕所的环境很糟糕，清洁员费尽心思都徒劳无功，通常打扫完一遍后，用不了多久，厕所依然会变得很脏。后来，清洁员也就慢慢灰心起来，没有耐心去仔细打扫。有一天，清洁员向一位大学教师无意中说起了这个问题，他非常感慨现在都市人们的整体素质很差，向对方大倒苦水。大学教师听完清洁员的讲述后说，他有一个办法可以让清洁员以后省时间、省力气，并且还会让厕所的卫生马上好起来。清洁员笑着摇摇头，大学教师说信不信等做完再说。

后来，出人意料的是，当清洁员运用了那位大学教师的办法后，厕所的卫生状况果然得到了改善，很少再有低素质的行为发生。那么，这位大学教师用了什么方法呢？

原来，大学教师让这位清洁员买了 3 盆鲜花，待把厕所仔细打扫完后，将这 3 盆鲜花放进厕所里面，营造出一个整洁干净的卫生环境。在这样的氛围里，厕所的良好卫生状况保持了很久，因为大家谁也不忍心去故意破坏，所以结果自然让清洁员喜出望外。这实际上也是“破窗理论”的反运用。

暗示效应

某一天，美国某大学心理系的一位教授，在课堂上向学生们郑重地介绍了一位来宾——科罗博士，说他是世界闻名的化学家，已经得过很多大奖。科罗博士在大家的掌声中，从皮包里拿出一个装着液体的玻璃瓶，高傲地说："这是我正在研究的一种物质，它的挥发性很强，但是对人体无害，当我拔出瓶塞时，它会马上挥发出来。它气味很淡，当你们闻到气味时，请立刻举手示意。"

说完话，博士拿出一个秒表，计算时间，同时拔出了瓶塞。一会儿工夫，只见学生们从第一排到最后一排都依次举起了手。但是在课程即将结束的时候，心理学教授告诉学生，科罗博士只是本校的一位老师假扮的，而那个瓶子里装的物质只不过是蒸馏水。

心理系的学生之所以"睁着眼睛说瞎话"，是因为受到了"科罗博士"的暗示。他暗示瓶子里装的是一种他正在研究的物质，因为挥发速度很快，加上气味很淡，所以学生们就相信了，并且似乎真的闻到了某种特殊物质的气味。人们总结发现，巧妙的暗示会在不知不觉中剥夺我们的判断力，对我们的思维形成一定的影响，造成我们行为的些许改变或者偏差。在心理学中，人们将这种通过语言、行动、表情或某种特殊符号对他人的心理和行为产生影响，从而使他人接受暗示者的某一观点、意见或按暗示的方式活动的现象称为“暗示效应”。

其实，在我们日常生活中，暗示效应应用得非常普遍，每天都会有不同程度的暗示来影响着人们的思维。例如，一道新菜上来，你提起筷子尝了尝，发现没有什么特殊的滋味，但等主人详细介绍之后，你再次品尝时却渐渐体会到了菜的新奇和特殊。在商场购物也是同样的道理。你发现有一款新电脑上市，虽然在你看来这款和其他电脑的款式没有什么区别，软件方面也相差无几，但在销售员详细介绍后，你再看这款电脑，就觉得它确实有与众不同之处，这就是所谓的暗示效应。

再比如，上班的时候有同事突然对你说：“你今天的脸色不太好，是不是病了?”这句不经意的话起初你还不太注意，但是，不知不觉地，你真的会觉得自己头重脚轻，浑身隐隐作痛，似乎自己真的病了。最后，自己越想越不对劲，也越来越担心，于是就到医院做了一番检查，当权威的医生向你宣布“没病”之后，你顿时觉得浑身轻松，充满活力，病态一扫而光。这些现象有时只在人的一念之间，虽然看起来有些不可思议，但是，这都是经常发生的事情，事实上，也大多是暗示效应在起作用。

所谓暗示主要是指人或环境以非常自然的方式向个体发出信息，而个体会在无意间接收这种信息，从而做出相应的反应，这也是一种常见的心理现象。巴甫洛夫认为：暗示是人类最简化、最典型的条件反射。暗示分自暗示与他暗示两种。

自暗示指的是自己使某种观念影响自己，对自己的心理施加某种影响，使情绪与意志发生作用。例如，在早上起床的时候去照镜子，这个时候有人发现自己脸色不太好，并且觉得上眼睑浮肿，如果刚好是昨晚睡眠质量不佳，这时马上就产生不快的感觉，甚至会怀疑自己是否得了肾病，继而觉得自己全身无力、腰痛，于是认为自己不能上班了，只得到医院就医。这就是对健康不利的消极自我暗示作用。而有的人则刚好相反，当在镜子里看到自己脸色不好，由于睡眠不好而造成精神萎靡不振、眼圈发黑时，马上用理智控制自己的紧张情绪，并且暗示自己这个现象是正常的，也是暂时的，只要到户外活动活动，做做操，呼吸一下新鲜空气就会好的。于是经过调整精神就慢慢振作起来，最后高高兴兴地去工作了。这种积极的自我暗示，有利于身心健康。

他暗示指的是个体在与他人的交往中产生的一种心理现象，主要是他人对自己的情绪和意志发生作用。

例如在三国时期，魏国曹操的部队在行军路上，由于天气炎热，加上是正午时分，士兵们都口干舌燥。曹操见此情景，思考片刻后大声对士兵说："少安毋躁，前方有梅林。"士兵一听精神大振，并且立刻口生唾液，加快步伐。

曹操巧妙地运用了"望梅止渴"的暗示，目的是用来鼓舞士气。

人总会在不知不觉中接受各种暗示，那么人为什么会出现这种状态呢？要想回答这个问题，我们必须对一个人进行决策和判断的心理过程有一个初步的了解。这一因素主要是由人格中的“自我”部分综合了个人需要和环境限制之后做出的。这样主观的决定和判断，在生活中我们称其为“主见”。一个非常“自我”的人，通常就是我们所说的“有主见”“有想法”的人。但是，人不是万能的，没有绝对的“自我”，更没有完美的“自我”，因而“自我”并不是任何时候都是正确的，也并不总是“有主见”的。因此“自我”的不完美以及“自我”的部分缺陷，就给外在影响留出了空间，给别人的暗示提供了机会。

暗示效应在本质上就是用别人的想法，影响或者干脆取代自己的思维和判断。这些心理过程通常都发生在潜意识中，也就是在潜移默化中发生。就好比刚学说话的小孩子，只要大人说什么，他都会在不知不觉中模仿。还有一种情况就是，人们也会在毫无知觉的情况下接受自己喜欢、钦佩、信任和崇拜的人的影响与暗示。这种对于自主判断的部分放弃有很重要的意义，可以使人们能够接受智者的指导，作为不完善的“自我”的补充。当然，这都是暗示作用积极的一面，这种积极作用的前提是一个人必须有充足的自我和一定的主见，暗示此时只能起到“自我”和“主见”补充与辅助的作用。积极暗示对于被暗示者来说可以使之如虎添翼。比如，一名运动员的成绩已经十分优秀，几乎接近世界纪录，这时候，他非常敬佩的教练在旁边轻轻暗示：“你能行，你是最优秀的，你一定能得冠军！”正是这一暗示，激发了他全部的潜能，使他在比赛中真的得了第一。如果没有教练的正面暗示，也许这名运动员的成绩就不会这么理想。

暗示除了有积极方面的影响外，当然也会有比较消极的一方面，那就是容易受人操纵、控制，成为别人或异端邪说的受害者。比如，美国的“人民圣殿教”，1978 年 11 月，该教信徒在教主琼斯的胁迫下，在南美圭亚那琼斯镇集体自杀，造成 914 人丧生的震惊世界的惨案。这就是消极心理暗示的不良后果。在我们的日常生活中，要将暗示效应的积极作用发挥得恰当得体，远离暗示的消极作用，这样我们才能不断进步。

马太效应

所谓马太效应，指的是好的越好、坏的越坏，多的越多、少的越少的一种现象。在心理学上可以理解为：强者越强，弱者越弱。如果说一个人赢得了荣誉，获得了赞美，那么接下来好事就会越来越多，这也是人们常说的好运连连。

马太效应的说法来自《马太福音》：“凡有的，还要加给他叫他多余；没有的，连他所有的也要夺过来。”进入 20 世纪 70 年代后，美国科学史研究者莫顿用这句话总结与概括出一种新的社会心理现象：“对著名科学家做出的科学贡献所给予的荣誉越来越多，而对那些未出名的科学家则不承认他们的成绩。”此后他便将这种社会心理现象命名为马太效应。

其实，现实生活中，不论是个人，还是群体，一旦在某一方面（如金钱、名誉、地位等）取得成功后，那么优越感就会油然而生，接下来更多的进步和更大的成功也会登门拜访。

当然，任何一种效应在现实中的意义都具有两面性。社会心理学家们也同样认为，马太效应在生活中既有积极的一面，也有消极的一面。积极作用具体有两点，首先，可以防止社会过早地承认还不成熟的成果和貌似正确的成果，这样有利于进一步的加强与进步；其次，马太效应会产生“荣誉终生”以及“荣誉追加”的现象，对一些无名者有着榜样的作用，从而产生巨大的吸引力，促使还没有成名的人积极奋斗，努力去超越成名者。但是它的消极作用是，那些名人很有可能会因为自己取得的成果而骄傲自满，目中无人，甚至丧失了理智的判断与谦逊的态度。而无名者因为一开始并没有名气，即使有着惊人的才华，经过奋斗取得成果也无人问津，有时还有可能会遭受非难和忌妒。这样的结果会造成两极分化越来越严重的后果。

安慰剂效应

所谓“安慰剂效应”，指的是人们由于服用或注射安慰剂药物从而引起的心理、生理上的变化，并且出现积极改变的一种现象。这在健康心理学中应用得比较广泛。

通常医学上说的安慰剂，指的是用生物学上本属中性的物质做成的使受试者或病人相信其中含有某种药物的药丸或制剂，就像是用没有药物活性的淀粉等制成与真实药物一样的剂型作为安慰剂等。药物的安慰剂效应是通过服药者对药物的认识、感受以及服药行为本身，再通过心理上的变化以及生理的相互作用而产生效果的。这种方法既有加强药物生理效应的一面，又有削弱生理效应的一面。许多研究表明：至少有 1/3 的人对安慰剂有反应，出现了临床症状的好转；如果再加上言语的感染，配合周围人的宣传和其他途径，那么，安慰剂的效果还会更加显著。这正应了中国的一句俗语：“信则灵。”

其实，不单是安慰剂，所有真实的药物都具有不同程度的“安慰剂效应”。美国的一位生理心理学家，曾将依米丁通过胃管注入呕吐病人的胃中，同时他告诉病人这是止吐药物，结果在很短的时间内病人的恶心呕吐感竟然真的消失了。经过一段时间后病人又出现呕吐的现象，再次注入依米丁，其恶心感又很快消失了。

这个实验说明药物不但有生理效应，而且通过一定的诱导和暗示还会产生心理效应。由此可见，心理效应（镇吐和安慰）的作用在一定程度上也会超过药物的生理效应（催吐）。这里的心理效应就是安慰剂效应。

心理学研究发现，生活中很多人都会在一定程度上受暗示作用的影响。人类疾病的药物治疗效果，其部分原因与暗示性有关。因此，医生在临床工作中更不能忽视这一作用，尤其是在药物治疗的护理过程中，更需要高度注意。通常一个人患病后，第一想法都是需要药物治疗，通过药理作用对机体的生理机能发挥作用，这样就可以达到治疗的目的，这也是药物的生理效应。但实验结果证明，不仅如此，药物还可通过非生理效应，以“接受了药物治疗”的方式在病人心理上引起良好的感受从而使疾病逐渐好转，也就是达到药物的心理效应。一般情况下人们都会认为，药物的心理效应与其药理作用无关，但有的时候还是可以借用其生理效应来强化言语暗示，这样配合治疗效果更好。

药物的心理作用并不适用于所有人，它与病人的各方面条件（性别、年龄、职业、经济条件、受教育状况等）以及个性特征、心理状态、服药时的内心感受、医护人员的言语态度有着密切关系，而其中最为重要的是病人对药物的认识与态度以及接受暗示性的程度。例如，一些来自边远地区的病人到大城市大医院求医问药时，即使医生开出的是比较普通的药物，他们也会觉得此药来之不易，倍加珍惜，所以服药后会产生较大的心理效应。

而一些公费医疗者经常光顾医院，尝遍了各种药物，也见识到了各类专家，就算此时大夫给他们开出一些对症药，他们往往也不信。这种负面心理效应使药物的正常生理效应受到影响，有的时候反倒干扰了对疾病的治疗效果。对他们来说，只有那些价格昂贵、包装精美又经广告大力吹捧的新药才是真正好用的“灵丹妙药”。

除了医务处理以外，在日常生活中，“安慰剂效应”也随处可见。一天，几个很少接触乡村环境的城里人到野外郊游。当他们边说边笑地爬到半山腰的时候，他们为眼前清澈的泉水、碧绿的草地和迷人的风景深深吸引。等到休息的时候，其中一人很高兴地接过同伴递过来的水壶喝了一口水，马上情不自禁地感叹道：“山里的水真甜，没有杂质，咱们城里的水跟这儿的真是没法比。”水壶的主人听罢笑了起来，他说：“这壶里的水是城市里最普通的水，这不是山里的水，而是出发前从家里的自来水管接的。”由此可见，心理作用在很大程度上发挥着微妙的作用。

当然，我们在对现实进行分析的时候，某种程度上会掺杂很多个人因素，包括我们的期望、经验和信念等，这有时也会明显地改变人的思想及判断。

首因效应

在我们日常交往的过程中，第一印象是非常重要的。第一印象效应也叫首因效应，主要指的是人与人在第一次交往中给人留下的印象，这一印象在对方的头脑中形成并且占有主导地位。通常情况下，人们第一次接触时会留下深刻的印象，并且持续较长的时间。首因效应实际上就是第一印象对客体的社会认知产生的重要影响。

一位心理学家曾做过这样一个实验：他让两名学生都做对 30 道题中的 15 道，然后安排让学生 A 做对的题目出现在前 15 题，而让学生 B 做对的题目尽量出现在后 15 题，最后请一些被试者对两名学生进行评价：经过对比，谁更聪明一些？结果发现，多数被试者都认为学生 A 更聪明。

从心理学的角度来讲，第一印象的获取主要是来自性别、年龄、长相、形象、姿势等各种外在信息。通常情况下，一个人的体态和姿势、谈吐等信息会在一定程度上反映出其内在素质。

在某大学刚开学的时候，一名新生前来登记报到，只见他衣冠不整，头上的帽子也歪到了一边，站在桌前报出自家名字“曹宇”时，他的左腿还不老实地抖动着制造“人造地震”。这些都给他的班主任刘老师留下了极糟的“第一印象”。“这个学生肯定是个调皮捣蛋、不爱学习的学生。”刘老师在心里默默地想。

于是，他非常严肃地对曹宇说：“请把你的帽子戴好，整理一下衣服，腿如果没有病的话，请不要抖动！”面对曹宇这么个吊儿郎当的学生，刘老师自然是特别留意：他是不是有逃课的坏毛病？是不是常在班上拉帮结派、打架闹事？于是，在选班干部的时候，刘老师根本没有把曹宇纳入考虑范围之内。过了几个月，刘老师发现这个曹宇并不像自己想象的那么坏，他既不旷课也不打架，且遵守学校纪律，有时还会热心地为班上做好事，课余时记日记、写文章，而且还在校播音室里朗诵英语作文呢。

这时，刘老师决定找曹宇谈一次话，经过一番交流后，又深入了解到，性情温和、待人有礼貌的曹宇与同学相处得十分融洽，同学们都喜欢他。之所以在报到那天衣冠不整、歪戴帽子、左腿抖动，主要是因为他那天感冒了，而且又在长途汽车上颠簸了很长时间，头昏脑涨的。在行车时，他把脑袋伸出窗外呕吐，为了安全起见，他就把帽檐儿拉向了一边。在下车以后，他忘了把帽子正过来，所以给班主任刘老师留下很差的第一印象，导致自己竟然成了老师密切“关注”的对象。

在第二个学期，鉴于曹宇的良好表现，刘老师让他担任了班干部。最后事实证明，曹宇的确干得很出色。

首因效应就是你留给别人的第一张名片，当然，这也是一种有限效应，当很多信息结合在一起时，人们通常会更倾向于前面所获得的信息，即使留意到后面的信息，也会认为后面的信息是偶然的，而非本质的。人们平时比较习惯于用前面的信息去解释后面的信息，虽然有的时候后面的信息与前面的信息不一致，但人们也会认同前面的信息，以此形成一个整体一致的印象。

首因效应往往表现的只是一个片面的形象，不能以偏概全。真正的形象还需要在以后的相处中才能慢慢体现，日子久了才能更好地发挥出来。

虽然首因效应在生活中发挥着非常重要的作用，但是，“路遥知马力，日久见人心”。有时虚假的第一印象，也有可能会蒙蔽我们的双眼，带来不可弥补的错误。《三国演义》中“凤雏”庞统当初准备效力东吴，他主动去面见孙权。可孙权见到庞统相貌丑陋，心中便有几分不悦，又见他态度傲慢，更是心中不爽。

最后，这位惜才如命的孙仲谋，就这样把与诸葛亮齐名的天才给拒绝了。虽然当时有鲁肃等人苦苦相劝，但是依然改变不了结局。其实，礼节、长相和才华是没有直接关系的，可礼贤下士的孙权依然无法摆脱第一印象给自己造成的偏见，所以才会那么执着。由此可见，首因效应的影响有多大。

晕轮效应

晕轮效应，又称“光环效应”，指的是人们对他人的认知与判断首先是根据个人的好恶而得出的，然后再从这个判断推论出认知对象的其他品质的现象。如果认知对象被贴上正面的标签，那么他就会被“优秀”的光圈笼罩着，并被赋予一切优良的品质；如果认知对象被贴上反面标签，那么他就会被“消极”的光圈笼罩着，他所有的品质都会被认为是恶劣的。

晕轮效应最早是由美国著名心理学家爱德华·桑戴克提出的。在 20 世纪 20 年代时他发现，人们对他人的认知和判断往往都是只从局部出发，然后慢慢扩散出去，最后得出整体印象，也就是会出现以偏概全的局面。而晕轮效应所产生的知觉的品质或特点，就会像月亮形成的光环一样，向四周弥漫扩展，最终将其他的品质和特点掩盖起来，产生一种“光环效应”。

一个人如果做出了一件非常轰动的事情，那么接下来往往也会在其他方面被这件事情的“光环”所笼罩。有的时候一个人仅仅就是因为一个微小的失误而导致一辈子都会被贴上“坏人”的标签。

1961年4月12日，人类实现了飞天梦想。加加林完成了世界上首次载人宇宙飞行，光荣地成为人类历史上第一位“太空飞人”。

在加加林平安回到地球的那一刻，整个世界都沸腾了。全世界各大电台、报纸竞相报道这位第一“太空飞人”。在庆功晚会上，他被安排与火箭之父罗廖夫并肩坐在一起，与政要名人拥抱举杯，胸前挂满了荣誉的勋章。接下来，他的军衔很快从上尉升到少校，顺利从茹科夫斯基军事学院毕业后，立刻又成为高等军事学院研究生。加加林的生活也发生了翻天覆地的变化，他的一举一动都备受人们的关注，连他的微笑也被人们赋予了传奇色彩，他向后梳的发型也成为风靡一时的时尚。人们以是他的朋友为荣，以为他服务为骄傲，甚至觉得与他共进盛宴也是一种享受。

光环之下，加加林开始迷失了自我。他常常无视交通法规，驾驶着国家赠送给他的伏尔加小轿车在街道上肆意飞驰。

有一天，他闯了红灯，还撞翻了一辆正在行驶的汽车，两辆车都破损严重。幸运的是，他和另一辆车的司机都只受了些皮外伤。当警察赶到出事地点时，一眼就认出了加加林，连忙举手行礼，并微笑地保证“追究肇事者的责任”。身边那位受害的退休老人，也发现眼前站着的是加加林，于是强忍着痛赔起笑脸。随后，警察拦下一辆过路汽车，众星捧月般把加加林送上车，下一步，准备将所有的责任都记在老人身上。

加加林坐在车内，心情久久不能平静，他的脑海里总浮现着老人的苦笑和滴血的伤口，这让他幡然醒悟，原来，英雄犯的错也会让执法者是非不分；对英雄的深爱，也会让退休长者违心顶罪。加加林想到了从前，他纯朴的本性开始复苏了。他让司机迅速返回出事地点，当着警察和老人的面诚恳认错，并且主动帮老人修好车，还承担了所有的费用与责任。

人身上本没有光环，光环是被其他人附加的，一旦光芒四射，平凡人也能够成为英雄；如果去掉光环，英雄也会发现自己其实就是一个凡人。当你被别人认为非常优秀与伟大的时候，你身上就有无数的闪光点，这个时候即使你犯错误，周围人也都不会觉得是你的错；但是如果你是一个平凡的人，当你有一点点瑕疵的时候，就会遭到非议，甚至会被不断追究责任，有的时候事实就是如此。

光环效应可以大大增强人们对未知事物认识的可信度以及说服力，因此，人们在认识这一事物的过程中会有“好者越好，差者越差”的印象。好者即使犯再大的错误也可以被当作微不足道；普通者即使犯一点不值一提的错误，也会被看成是举足轻重的一件事情。

在生活中也有这样一句俗语：“情人眼里出西施”，这也是一种光环效应。当然，这是一种很普遍的心理现象：当你发现自己深爱对方时，总会特别专注、迷恋和欣赏对方的美，这种光环效应的产生也会推及对方的其他方面，以至于认为对方的一切都是美好的，他身上的缺点也会被当成优点来欣赏。例如，一位青年男子非常喜欢一位少女，她脸上的雀斑，在他心目中，也成了“天空中闪烁的星星”，楚楚动人，让他迷恋不已。

从心理学的角度分析，每一个人都有在无意识中迎合光环效应的习惯。例如，某天你在路上突然遇到一位明星，他（她）虽然不是你的偶像，但是你会不自觉地找他签名；当朋友相聚时会热烈谈论一些成功人士，这个时候你也会自然地提出某位名人来进行比较；而且生活中大部分人都会迎合权威，选择用权威的观点为自己佐证，有的时候即便自己的观点是正确的，也会放弃自我的主张和观点。

每一个效应都会有两面性，既有积极的一面，又有消极的一面。因此，在人际关系中，晕轮效应也有以下弊端：

第一是表面性。在我们对某个人的了解还不够深入的情况下，晕轮效应只能够让我们关注于一些外在的特征。虽然人们的个性品质与外在特征并无实质联系，但是我们却很容易通过外在的特征来判断内在实质。

第二是遮掩性。很多时候，我们发现的事物个体特征并不能反映事物的本质，但是我们却习惯于由部分推及整体，如此下去，我们也就会得出片面的结论。人们常说的“一见钟情”往往指的是被对方的某一方面所吸引，而对方其他的方面，实际上可能并不像自己想象中那么优秀。

第三是弥散性。我们对一个人的整体印象如何，有的时候也会连带影响到和这个人有关的事情上。所谓“爱屋及乌”

“厌恶和尚，恨及袈裟”等就体现出晕轮效应的弥散性。

那么，在现实生活中，我们应该如何克服晕轮效应的这些弊端呢？

首先，不要把自己的看法强加在对方身上。

其次，第一次和对方接触时，不要轻易下结论。

最后，不要“以貌取人”。

巴纳姆效应

人们经常会认为一种笼统的、一般性的人格描述可以非常准确地揭示自己的特点，心理学上将这种倾向称为“巴纳姆效应”。

这个效应是以一位非常受欢迎的魔术师肖曼·巴纳姆来命名的，他曾经在评价自己的表演时说：“我的节目之所以这么受欢迎，原因是节目中包含了每个人都喜欢的成分，所以每一分钟都会有不同的人上当受骗。”

曾经有位心理学家专门针对这种效应做过一个实验，他首先给一群人做完明尼苏达多相人格检查表，随后就拿出两份结果让参加者判断哪一份是自己的结果。事实上，其中的一份是参加者自己的结果，而另一份则是多数人的回答平均起来的结果。结果大多数参加者都选择后者，他们认为后者更准确地表达了自己的人格特征。

这项研究结果表明，人们很容易相信笼统的、常见的人格描述，并觉得特别适合自己，即使这种描述比较空洞，但是他仍然认为该描述真实地反映了自己的人格面貌。曾经有心理学家用一段概括的、几乎适用于任何人的话让大学生判断是否适合自己，结果，非常多的大学生认为这段话将自己刻画得细致入微，准确至极。

在2000多年前，古希腊人就把“认识你自己”作为铭文刻在阿波罗神庙的门柱上。时至今日，“认识自己”的目标距离我们仍然十分遥远。探索其原因，我们不能不提到心理学上的“巴纳姆效应”。

日常生活中，我们既不可能每时每刻想着主动去反省自己，也不可能总让自己跳出思维定律，把自己放在局外人的地位来观察自己，所以人们只能借助外界信息来认识自己，借助周围的事物来作为参照。正因如此，每个人在认识自我时都比较容易受外界信息的暗示，容易迷失在环境当中，有时会不由自主地把他人的言行作为自己行动的参照。

下面一段话是心理学家使用的材料，你觉得是否也适合你呢？

你很需要别人喜欢并尊重你。你的内心渴望被人接受，虽然有时会有自我批判的倾向，但往往无济于事。在生活中，你有许多可以成为你优势的能力没有发挥出来，同时你也有一些缺点，不过你一般情况下都可以克服它们。有的时候你与异性交往有些困难，尽管外表上显得很从容，其实你的内心焦急不安。你有时也会怀疑自己的判断力，疑惑自己所做的决定或所做的事是否正确。你喜欢生活有些变化，厌恶被人限制，喜欢平静的湖面上有些波澜。你以自己能独立思考为自豪，如果别人的建议没有充分的证据，你将会慎重考虑后才决定是否接受。你认为在别人面前过于坦率地表露自己是不明智的，有时候会让自己吃些小亏。你有时外向、亲切、好交际，而有时则内向、谨慎、沉默。你的有些抱负往往很不现实，付出很多努力但收获不大，所以有时候自信心会受到些许打击。

这其实是一顶戴在谁头上都合适的帽子。在生活中，这种效应的典型反映是在算命过程中。

现实中，为什么有那么多人都会去相信算命先生的话呢？难道真有那么准确吗？很多人在请教过算命先生后都认为算命先生说得“很准”。但事实上，那些求助算命先生的人本身就比较容易受暗示，有了这一特点后，算命先生只要察言观色、对症下药即可。当人的情绪处于低落、失意的时候，就会对生活失去控制感，这个时候，安全感也会相应受到影响。一个缺乏安全感的人，心理的依赖性也逐渐增强，受暗示的可能性就比平时更高。加上算命先生善于揣摩人的内心感受，只要稍微能够理解求助者的感受，求助者立刻会感到一种精神安慰。那么接下来算命先生再说一段一般的、无关痛痒的话便会使求助者深信不疑。

要想避免巴纳姆效应，客观真实地认识自己，有以下几种途径：

首先，要学会正确面对自己。有这样一道测验人的情商的题目：当一个落水昏迷的女人被救起后，她醒来发现自己一丝不挂时，她的第一个反应会是捂住什么呢？答案是尖叫一声，然后用双手捂住自己的眼睛。

从心理学上来说，这是一个典型的不愿面对自己的例子，因为一个人认识到自己有“缺陷”或者别人说自己有缺陷，那么就会想方设法地把它掩盖起来，但这种掩盖实际上也像落水女人一样，只是把自己的眼睛蒙上，而不会采取其他措施。所以，要认识自己，首先必须面对自己。

其次，培养收集信息的能力和敏锐的判断力。判断力是一种在长期收集信息的基础上进行决策的能力。充足的信息对于判断的支持作用不容小觑，没有足够的信息收集，人们很难做出明智的决断。

在邓慧君编辑的《哈佛家训大全集》中有一个故事，一个替人割草的孩子打电话给一位家庭主妇说："您好，请问您那边需要割草吗?"家庭主妇回答说："不需要了，我已有了割草工。"这个孩子继续说道："我会帮您拔掉花丛中的杂草。"家庭主妇笑着回答道："我的割草工也做了。"这个孩子不依不饶，又说："我会帮您把草与走道的四周割齐。"家庭主妇说："我请的那人也已做了。谢谢你，我真的不需要新的割草工人。"孩子听后便挂了电话。孩子的哥哥在一旁说："你不是就在她家割草打工吗？为什么还要打这个电话？有什么必要呢?"孩子带着得意的笑容说："我只是想知道我做得有多好!"

这个孩子可以说非常善于收集针对自己的信息，因此可以预见他的未来成长以及可能取得的成就，绝非一般小孩子可比。

再次，以人为镜，通过与自己身边的人比较来充分认识自己，并且考虑到各个方面的因素。在比较的时候，对象的选择也是相当重要的。如果找不如自己的人做比较，或者拿自己的缺陷与别人的优点比，都会失之偏颇。因此，还是需要根据自己的实际情况，来选择条件差不多的人做比较，找出自己在群体中合适的位置，这样才能够较为客观地认识自己。

最后，从重大的成功和失败中认识自己。因为重大的事件能够使我们获得很丰富的经验和教训，也可以提供了解自己个性、能力的信息，使我们从中发现自己的长处与不足。越是在成功的巅峰和失败的低谷，就越能反映一个人的真实性格。曾经有人说过，“成功时认识自己，失败时认识朋友”，这固然有一定的道理，但归根结底，我们最终需要认识的还是自己。无论是成功时还是失败时，都应该坚持用辩证的观点来看问题，既不忽视长处和优点，也要认清短处与不足。

毛毛虫效应

约翰·法伯是法国著名的心理学家，他曾经做过一个家喻户晓的实验：“毛毛虫实验”。他首先将许多毛毛虫都放在一个花盆的边缘，并且使它们首尾相接，围成一个圈，同时他又撒了一些毛毛虫喜欢吃的食物在离花盆非常近的地方。然后，毛毛虫就开始绕着花盆的边缘一个跟着一个，一圈一圈地走，就这样，1 小时过去了，1 天过去了，又 1 天过去了，但是这些毛毛虫依然没有改变行动轨迹，它们依然夜以继日地绕着花盆的边缘转圈，这样一连不停地转了 7 天 7 夜以后，毛毛虫们最终因饥饿和精疲力尽而相继死去。

在做这个实验之前，约翰·法伯曾经设想：也许这些毛毛虫很快就会厌倦单调且乏味的绕圈而转向它们比较爱吃的食物，但令人遗憾的是，毛毛虫并没有这样做。其实，这是因为毛毛虫习惯于固守原有的本能、习惯、先例和经验才导致后来的悲剧。毛毛虫虽然付出了生命，却没有取得任何成果。事实上，假如在这群毛毛虫当中，有一个能够改变尾随的习惯而转向去觅食，那么就完全可以避免死亡。

后来，科学家把这种习惯称为“跟随者”的习惯，也就是指喜欢跟着前面的路线而行走的习惯。而后又把因“跟随者”习惯而导致失败的现象称为“毛毛虫效应”。

有的时候人们很难逃脱“毛毛虫效应”的影响。在日常生活和工作中，很多人都会因循守旧，下意识地重复原有的思考过程和行为方式。所以，人们在思维上固有的惯性也就慢慢形成，今后在面对任何问题时，这些人也都是按照原有的思路去思考，而不愿意换个角度、转个方向去思考。

需要承认的是，使用固有的思路和方法具有相对的成熟性和稳定性，可以恰当地缩短和简化解决问题的过程，从而更加方便快速地解决某些问题，这也是“毛毛虫效应”带给我们积极的一面。但是，要注意的是，如果人们总是用老思路去面对新出现的情况，那无疑是没有生命力的，这时候，我们需要跳出“毛毛虫效应”的影响，转换思路，改变思考问题的方式，这样有可能更好地解决我们所面对的问题，能够别具一格，把别人看不到的潜在价值开发出来，从而赢得非凡的成功。

有一年，市场预测表明，该年度的苹果将会供大于求。于是供应商和营销商都灰心丧气起来，他们大多数人都认定：自己必将蒙受损失！

这个时候，有一个聪明的年轻人想出了一个绝招！他想：假如在苹果上增加一个“祝福”的功能，也就是说，只要能让苹果与众不同，可以出现表示喜庆与祝福的字样，比如“喜”字、“福”字，那么，就一定能卖个好价钱！

因此，他在苹果还未成熟的时候，就把提前剪好的纸样贴在了苹果朝阳的一面，如“喜”“福”“吉”“寿”等。果不其然，由于阳光照不到贴了纸的地方，苹果在树上时就已经留下了痕迹——比如贴的是“寿”，苹果上也就有了清晰的“寿”字了！因为他的苹果有了这种全新的祝福功能，而这又是过去没人发现的，所以他在该年度的苹果大战中独领风骚，大赚了一笔。

转眼间，到了第二年，很多人都已经掌握诀窍，开始争相模仿起来，可是他的苹果仍然是卖得最火的，这是什么原因呢？因为这次他想到更好的点子，这一次他的苹果上不仅有“字”，并且还可以鼓励青睐者“系列购买”。

原来情况是这样的：他首先将苹果一袋袋地装好，然后每个袋子里苹果上的几个字总是能组成一句很甜美的祝辞，比如“祝您中秋愉快”“祝你们生活甜美”“祝您寿比南山”“工作顺利”“永远怀念你”等。人们再次慕名而至，纷纷购买他的苹果，然后当成礼品送人。

面对不断变化发展的新形势，我们要想不断地跟随时代一起成长而不落在潮流的后面，就应该解放思维，让自己发挥创新精神，这样才能找到一条属于自己的道路。

蔡戈尼效应

20 世纪 20 年代后期，心理学家蔡戈尼做了一个非常有名的实验，这个实验所得出的结果被人们称为蔡戈尼效应。

首先，蔡戈尼将测试者分为甲、乙两个小组，然后让两个小组的受试人员同时演算完全一样的数学题。在实验进行过程中，他让甲组的受试人员顺利地演算完毕，而在乙组演算过程中他会突然下令停止，然后宣布结束。

然后，他让甲、乙两个小组分别回忆刚才演算的题目，出人意料的是乙组受试者明显优于甲组。这种没有完成的不适感深刻地留存在乙组人员的记忆当中，一时之间很难忘记。而那些已完成题目的甲组人员，他们的“完成欲”得到了充分的满足，所以，他们也就轻松地忘记了刚才所进行的任务。

有一位作曲家非常喜欢睡懒觉，他的妻子为了使他早上能够起床，就想了一个办法，妻子在钢琴上随便弹出一组乐句的头三个和弦。睡梦中的作曲家听了之后，辗转反侧，等待曲子的继续，但是久久没有动静，最后他实在是忍不住不得不爬起来，跑到钢琴前弹完最后一个和弦。这就是心理学上的趋合心理。这种心理使作曲家无法忍受未完成的乐章，所以他不得不爬起来在钢琴上完成脑中早已完成的乐句，来满足自己的心理。

每个人天生就有一种办事要有始有终的驱动力，人们之所以会忘记已完成的工作，是因为完成欲的动机已经得到满足，自己心里已经完全放下；如果工作尚未完成，那么，这同一动机便使他留下深刻印象，无法遗忘。这就是蔡戈尼效应。

在我们的生活中，面对问题时，虽然很多人都会全神贯注地投入进去，但是一旦解开了就会有所松懈，继而放松下去，这样自然而然也会很快忘记。但是，对于解不开或尚未解开的问题，人们大都会想尽一切办法努力去解开它，因此对于这种情况，人们会比较在意，进而一起记忆在大脑中。而且这种影像会一直浮现在脑海里，直到自己把它解开的那一刻。

出现这种现象的原因是人们天生都有一种办事要有头有尾的驱动力。比如让我们试画一个圆圈，但是在最后的时候留下一个小缺口，就停笔不动。然后让人们来看它一眼，大多数人的心思都会倾向于想要把这个圆给完成。有时白天工作量大，到晚上了还要加班，但是到深更半夜的时候还没有完成任务怎么办？这个时候你会选择放下工作去睡觉，还是会继续，等到完成再安心睡觉？相信大多数人会选择继续，完成之后再睡觉，这样才会睡得安稳，否则就算是你睡着了也不会睡得很沉。当我们正在看一部影片时，突然你发现已经是深更半夜了，这时的你会马上关掉电脑睡觉还是继续看完再上床？相信大多数人会继续看完，这样晚上睡觉才踏实，才会睡得更香。

这就是“蔡戈尼效应”起到的心理作用。一日任务不完成，便一日不解“心头恨”。一般来说，做事情的时候还是需要相应的蔡戈尼效应的，因为，它能够推动我们主动去完成工作任务，并且达到圆满状态。如果生活中没有蔡戈尼效应，那么办事效率就会大打折扣，只有在蔡戈尼效应的驱使下，才能使自己的工作效率快速得到提升。

但是，如果我们把握不好“蔡戈尼效应”的话，就比较容易走向极端。一方面是过分强迫，面对任务时坚决要一气呵成，不完成便死抓着绝不放手，有的时候甚至还会偏执地将其他任何人、事、物全部置身事外；另一方面就是驱动力过弱，做任何事都拖沓啰唆，经常半途而废或是转移目标，永远无法彻底地去完成一件事情。

假如你经常走到蔡戈尼效应过弱的那一端，那你肯定是做事不能坚持到底的那类人。心理医生对此给予了一个简单有效的建议：“如果你精力集中的时间限度是 10 分钟，那么，你的脑筋一开始散漫，你就要停止工作。然后用 3 分钟的时间活动筋骨，转移注意力，例如跳几下，或者去倒一杯水，再或是做些静力锻炼的肌肉运动。等到活动过后，再把另一个 10 分钟花在工作上。”

但如果你经常走到蔡戈尼效应过强的一端，那么很有可能你是一个工作狂。而这样的人，通常性格也比较偏执，做事比较自主，想法坚定难以动摇，可想而知，忙于完成任务的紧张生活一定也是太单调、狭窄了。如果是这样的话，你得试着缓和一下过强的蔡戈尼效应，比如，周末和朋友约会，出门呼吸新鲜空气，或者下班后看看电视，看看夜景，听听音乐，学习享受人生乐趣。

对于大多数人而言，蔡戈尼效应是推动他们完成工作很重要的驱动力。可是生活中还是有些人会不自觉地走向极端，要么是因为拖拖拉拉，似乎永远都无法完成工作，要么就是非得一口气把事做完，否则绝不罢休。这样的两种人，都需要调整他们的完成驱动力。

那么在现实生活中，我们怎样做才能抑制蔡戈尼效应呢？

首先，要在看事物的时候运用自己的价值观标准，比如我们发现一个工作计划不值得去做，那么我们就应该选择勇敢地放弃，去完成值得我们去完成的计划。这并不是说每一件事情都要坚持完成，但只要是有意义、有价值的事情，我们都应去坚持；如果没有必要坚持，就不去坚持，可以适当地放弃。

其次，我们可以适当编制一个时间表，这样可以把必须做的事以及比较重要的事都写下来，做到井井有条，让自己有一种比较切合实际的意识，再把期限定在要求办妥的时间以前，做到有条不紊。

最后，我们需要一点一滴地来强化自己本身的意志力，当然，我们可以先从一件小事来锻炼自己，然后逐渐放大。比如，可以强迫自己在洗碗槽里留下几只碟子不去洗，然后去忙其他事情；或者看一本书的时候，试着去停一下，然后去想想自己是不是在浪费时间和精力，如果是的话，那么就停止动作，转向其他方面。

第三章

呵护自我必知的健康心理学

你所要知道的健康心理标准

通常来讲，心理健康是指一种高效而满意以及持续的心理状态。不过，从狭义上讲，心理健康是指人的基本心理活动过程内容完整、协调一致，即认识、情感、意志、行为以及人格完整和协调，能够适应社会的发展。

与人的生理健康一样，人的心理健康也有一定的标准。不过人的心理健康标准不及人的生理健康标准那么具体、客观。了解与掌握心理健康的标准对于增强与维护人们的心理健康有很大意义。现实生活中，人们掌握了心理健康的标准，就可以以此为依据对照自己，对自己的心理健康进行自我诊断。当你发现自己的心理状况有某个或某几个方面与心理健康标准有一定距离时，可以有针对性地加强心理锻炼，以此获得心理健康。

通常来讲，心理健康的人，往往对生活有着积极的态度，在绝大多数情况下，他们都能产生正常适度的情感体验以及积极的情绪反应，开朗、乐观、愉快、满意、幸福等积极情绪状态在他们的身上占据着巨大的优势，虽然这些人也会有愁、忧、悲、怒等消极情绪体验，不过这些不良情绪往往不会在他们的心中占据得太久。同时，心理健康的人能适度地表达和控制自己的情绪，进而达到谦而不卑，败不馁、喜不狂、胜不骄，自尊自重。他们通常情绪稳定，性格比较稳健。

不过，对于健康的心理标准，当前国际上并没有一个统一的标准，大体上包括了以下几个方面。

身心感觉良好。身心是一个整体，这也就意味着健康不仅来源于身体，也来源于精神上的满足与健康。通常来讲，心理健康的人往往会自感精力旺盛，身心愉悦，神清气爽。如今，“累死了”“讨厌”“烦死了”等成了很多人的口头禅。可以想象，一个自我感觉极差、百般难受的人肯定是一个心理不健康的人。因此，从心理学上来讲，自我感觉是否良好，是判断个体心理健康与否的基本条件之一。

智力表现正常。人们通常把聪明与否作为判断一个人智力水平高低的一个重要依据。通常来讲，智力反映出一个人认识事物以及解决问题的能力，不过智力不是个别能力，而是一种以脑的神经活动为基础、偏重于认识方面的潜在能力，智力的核心是抽象思维能力，它还包括人的记忆力、观察力和想象力等。通常来讲，人的智力结构包括观察能力、注意能力、思维能力、记忆能力、想象能力以及创造能力等 6 个因素。可以说，智力正常是个体正常生活最基本的心理条件。不过需要指出的是，智力正常不是心理健康的全部，必须要结合其他方面才能准确判断一个人是否心理健康。

健全的人格。健全的人格就是指在思维模式、情感方式、行为方式等方面表现出积极以及协调，凡事能从积极乐观的方面去考虑。具体来说，健全的人格主要表现为：坚定而不固执，多情而不滥情，忠厚而不愚蠢，理智而不冷漠，稳重而不寡断，豪放而不粗鲁，自信而不自负，勇敢而不鲁莽，活泼而不轻浮，老练而不世故，谨慎而不胆怯，自尊而不自骄，自谦而不自卑，自爱而不自恋。在行动的果断性、自觉性、顽强性以及自制力等方面都表现出较高的水平，在面对困难以及挫折的时候能采取合理的反应方式，具备面对厄运的刚毅性、面对失败的不屈性、面对困难的勇敢性。这些都是人格健全的具体表现。

情绪积极、稳定、协调。现实生活中，对于周围的客观事物，人们往往根据自己的认知水平以及是否符合自己的需要而抱有一定的态度，并发生一定的情感体验，进而出现一定的情绪反应。无论什么时候，每个人都可能表现出多种多样的情绪，如喜、怒、哀、乐、爱、恶、惧等。面对生活中各式各样的事务，人们的心境可能是忧郁的，可能是乐观的，可能出现狂喜，也可能出现暴怒等激情表现，而这一切都是人们心理的应激反应。人类正因为有多种情感体验以及多彩的情绪表现，社会生活才有丰富的内容。不过需要指出的是，无论什么人，都对生活、人生意义有自己的看法和追求。一个悲观或消极面对社会、仇视社会、反社会的人很少会有健康的心理。而健康的人生观是符合社会道德取向的人生观，并以社会道德取向为依据形成自己的人生准则，以达观、向上的态度对待人生，以积极、热诚的态度对待生活，乐于助人。

具有高尚的伦理道德精神。从社会层面来讲，心理健康的人，也应该是一个有道德修养的人。心理健康与精神高尚密不可分。因为人的生理、心理、精神三个层面构成了完善的人格。马斯洛曾经说过，心理健康的人，应具备“基本哲学与道德原则”。马斯洛的“自我实现”的人格，指的是富有道德情操的人，自我实现的人坚持向着越来越完善的目标努力而存在，这也就意味着，其坚持向着大多数人愿意叫作美好的价值前进，向着热爱、仁慈、英勇、正直、无私、安详、善良前进。

为此，我国也有学者提出了心理健康的道德伦理标准，“有较长远而稳定的符合社会进步方向的人生哲学、价值观和道德观”“能将其精力转化为创造性和建设性活动的能力”“具有高度社会义务感和责任感”“自我实现，尽己所能贡献社会、创造人生”等。可以认为，心理健康的人应该具备进步的价值观，积极的责任感、人生观，奉献精神以及正义感。现实中，一个人若缺少这些道德价值精神，那么就很难说这个人是一个心理健康的人。

自我意识健康。能正确认识自己，包括正确认识自己的认知水平、机体状态、行为表现，了解自己的性格、气质以及能力；能实事求是地看待自己的学业和成就，有切合自己实际的志向水平；能关心自己、悦纳自己、尊重自己，大胆、恰当地表现自己；能恰如其分地评价自己，正确对待自己的长处和不足，对自己的优点感到欣慰，但又不至于狂妄自大、自满自足；对自己的弱点以及缺点、缺陷不回避，泰然处之，不过于自责、自暴自弃。

热爱生活，积极乐观，充满热情。积极是人的一种出色的心理素质和生活态度。水一定要沸腾才能转动机器、推动火车。每个成功的产生，必是积极、乐观和热情的产物。缺乏积极、乐观和热情，就像开一辆没有油的车，是无法走远的。同样，人的态度若如热度不足的水，绝对无法推动他们生命的火车。因此，你必须先沸腾自己的血液，才能推动自己的躯体。

突破自我封闭的心理

曾经有这样一个事例，一名30多岁的男子因为自己的“爱犬”被车轧死，一时想不开，竟然从自家6楼纵身跳下，而后不治身亡。据了解，这个男青年从小性格就非常孤僻，自我封闭心理非常严重，从不愿意和人接触，几乎从不和别人讲话，别人问他话，他也像没有听到一样，一句也不作答。早在5年前，家人为他买了一条非常可爱的小狗，此后，这条小狗就成了他唯一的朋友。他非常喜欢这条小狗，和小狗几乎是形影不离。但是，自我封闭的心理，缺乏与家人、朋友等的交流和沟通，导致他随着爱犬的死亡而离去。

那么，到底什么是自我封闭呢？其实，自我封闭是指将自己与外界完全隔绝开来，很少或者根本没有任何的社交活动，除了必要的工作、学习、购物以外，大部分时间是将自己关在家里，不与他人有任何来往。自我封闭者往往都很孤独，没有任何朋友，甚至非常害怕社交活动，因而属于一种环境不适的病态心理现象。自我封闭心理有如下几个特点：

第一，普遍性。即各个年龄层次都可能产生自我封闭心理。具体例如，儿童有电视幽闭症，青少年有社交恐惧心理，中年人有社交厌倦心理，老年人有因儿女不在身边导致的“空巢”和配偶去世而引起的自我封闭心理等。

幽闭症的全称是幽闭恐惧症，属于场所恐惧症的一种，患者害怕密闭或者拥挤的场所，因为这些场所会给他带来一种未知的恐惧，严重的甚至会出现焦虑和强迫症状，一旦离开这种环境，患者的生理和行为都会迅速恢复正常。

而容易恐慌的人，通常比较容易产生幽闭恐惧症。倘若在封闭的空间产生心理的恐慌，他们会因为无法逃离这样的情况而感到恐惧。幽闭恐惧症患者可能会在室内场馆、戏院或电梯中感到呼吸困难。像其他许多病症一样，幽闭恐惧症的根源可能是孩提时期的创伤。

至于恐人症，其实是害怕见人的一种心理障碍，它是恐惧症中较为常见的一种情况，在青年学生中尤为多见。这类人一般表现为在他人面前不敢说话，神情紧张不自然，脸红，心跳，不敢与人对视，自己明知这样做没有必要但却不能自控，内心极为痛苦。

恐人症实质上是一种社交恐惧症，这类患者大都性格比较脆弱，非常孤僻，腼腆、羞涩、爱面子、好虚荣，传统道德观念非常强，十分注重他人对自己的议论和评价，然而又不善于表达自己的内心情感。因此，当他们刚进入青春期生理和心理上发生了巨大变化、自尊心迅速增强之时，如果受到某些精神刺激，便会在心理上造成非常大的创伤，从而引起对人的恐惧心理。社交恐惧症主要表现为在社交场合出现恐惧，患者在大庭广众面前害怕被别人注视，害怕会当众出丑，因此当着他人的面不敢讲话、不敢写字、不敢进食，甚至不敢如厕，严重者可出现面红耳赤、出汗、心跳、心慌、震颤、呕吐、眩晕等。如果病情比较严重的话，患者可能会因为恐惧而回避朋友，与社会隔绝而仅与家人接触，甚至与家人都没有任何的接触与交流、沟通，严重者还可能会失去生活自理能力。

恐人症患者所惧怕的真正对象实际上并不是他人，而是自己，常常是自己吓自己，如果自己不说出来，别人很难知道他的恐惧情绪。由于恐惧心理是在一定的精神因素下通过条件反射而产生的，因此，消除和矫治恐惧心理也应通过条件反射的方法，其关键是阻断恐惧的自我强化过程，在大脑中建立起新的兴奋灶（见人不怕）以代替原有的惰性兴奋灶（怕见人）。

恐人症并非不可治愈，随着时间的推移，采用积极而有效的心理调适，这种恐惧心理就会消失。

自我封闭的第二个特征就是非沟通性。有封闭心态的人通常都不愿意与人沟通，很少与人讲话，其实他们不是无话可说，而是害怕或者是非常讨厌与人交谈，前者属于被动型，后者则属于主动型。他们只愿意与自己进行交谈，例如写日记、撰文、写诗等，表达自己，展现自己。

自我封闭的第三个特征就是逃避性。自我封闭行为往往与生活的挫折有关，有些人在生活、事业上遭到挫折与打击之后，精神上饱受折磨与压抑，对周围环境逐渐变得非常敏感、抵触和不可接受，于是出现回避社交的行为。

自我封闭心理实质上是一种心理防御机制。由于个人在生活及成长过程中常常可能遇到一些挫折而引起个人的焦虑，有些人抗挫折的能力较差，使得焦虑越积越多，只能以自我封闭的方式来回避环境以降低挫折感。另外，自我封闭心理与人格发展的某些偏差有因果关系。

从儿童方面来讲，如果父母管教太严，儿童便不能建立自信心，宁愿在家看电视，也不愿外出活动。从青少年来讲，如果他没有掌握一些技能，就意味着他不能获得生活自信心以进入某种社会角色，他不知道该做些什么，如何与他人相处。于是，他就没有与别人共同劳动和与他人亲近的能力，而退回到自己的小天地里，不与别人有密切的往来，这样就出现了孤单与孤立。从中年人来讲，如果他是一个“自我关注”的人，他常常表现出不与他人来往的情形。从老年人来讲，丧偶或者是丧子的打击，儿孙们远离自己，很容易使老人心灰意冷，非常失落、寂寞、孤独，精神恍惚，对生活失去信心。

自我封闭将会给自己的人格、给社会带来很大的危害，自我封闭阻隔了个人与他人、与社会的正常交往，使人认知狭窄，情感淡漠，人格扭曲，最终可能导致人格异常与变态。所以，对于有自我封闭心理的患者，一定要及时寻求专业人员的帮助，早日突破自我封闭的心理。

学会消除自己的愤怒

有一个爱发脾气的男孩，他父亲给了他一袋钉子，并且告诉他，每当他发怒的时候，就钉一颗钉子在后院的围栏上。男孩钉下了 37 颗钉子。慢慢地，男孩每天钉的钉子减少了，他发现控制自己的脾气要比钉钉子容易。

终于有一天，这个男孩觉得自己再也不会因失去耐性而乱发脾气了。

父亲又告诉他说：从现在开始，每当他能控制自己脾气的时候，就拔出一颗钉子。一天天过去，最后男孩告诉他的父亲，他终于把所有钉子都拔出来了。

父亲握着他的手，来到后院说："你做得很好，我的好孩子！但是看看这些围栏上的洞，这些围栏将永远不能恢复到从前的样子。你生气的时候说的话，就像这些钉子一样留下了疤痕。如果你捅了别人一刀，不管你说了多少次对不起，那个伤口将永远存在。那种伤痛就像真实的伤痛一样令人无法承受。"

这个故事流传很广，引起了无数人的共鸣。确实，人们发怒时的言行给别人造成的伤害，是永远无法弥补的。

《圣经》中的箴言告诉人们：不轻易发怒的人，大有聪明；性情暴躁的，大显愚妄。

研究表明，最后失去控制、大发雷霆的人，通常都经历了连续累积情绪的过程。每一个拒绝、侮辱或无礼的举止，都会给人留下激发愤怒的残留物。这些残留物不断地积淀，急躁状态会不断上升，直到放下“最后一根稻草”，个人对情绪的控制完全丧失，出现勃然大怒为止。在这个过程中，除非内心控制的大门快速关上，否则，这种狂怒极易造成暴力和伤害。

人的愤怒情绪，从轻微的烦躁不安，到严重的咆哮发怒，乱摔东西，甚至丧失理智。久而久之，就会成为一种习惯反应，变成侵袭人际关系的癌症。

心理学认为，生气是一种不良情绪，是消极的心境，它会使人闷闷不乐，低沉阴郁，进而阻碍情感交流，导致内疚与沮丧。

有关医学资料认为，愤怒会导致高血压、胃溃疡、失眠等。据统计，情绪低落、容易生气的人，患癌症和神经衰弱的可能性要比正常人大。同病毒一样，愤怒是人体中的一种心理病毒，会使人重病缠身，一蹶不振。可见，愤怒对人的身心有百害而无一利。

愤怒是人情绪中可怕的暴君，与单枪匹马的理性抗衡。不能生气的人是笨蛋，而不去生气的人才是聪明人。愤怒行为会伤害他人，也会伤害自己，一个人必须要学会控制愤怒的情绪。

一般来说，愤怒基于责备。一旦陷入责备的对抗中，愤怒就会立刻接踵而至，就像黑夜紧随白天那样自然。为了避免陷入这一困境，唯一可能的是为它找到一条建设性的出路，而唯一的出路，只有运用情绪智力才能实现。研究表明，对刺激物的控制能力在很大程度上会影响一个人。愤怒对于人的情绪具有巨大的刺激性，但是，愤怒可以被有效地控制。

发怒是由内心的愤怒所产生的，一个心智健全的人，绝不会无缘无故地发怒，发怒总有原因和针对性。这个原因在易怒者眼中是不可忍受的导火索，但另一些人则认为不必或不屑为之动气。富兰克林曾说过："任何人生气都是有理由的，但很少有令人信服的理由。"所以要控制愤怒，必须提高自己对外界刺激的耐受力，学会一些应对愤怒情绪的小技巧。具体如下：

第一，对自己以往的行为进行一番回忆评价，看看自己过去发怒是否有道理。

一个老板对下属发火，原因是下属工作失误。这位下属不敢对老板生气，回家对妻子乱发脾气。妻子没办法，只好对儿子发脾气，儿子对猫发脾气。这一连串的行为，只有老板对下属发脾气是有些缘由的，其他则都是无中生有。所以，在发怒之前，你最好分析一下，发怒的对象和理由是否合适，方法是否适当，如果你能认真分析得出结论，那么你发怒的次数就会减少 90% 。

第二，低估外因的伤害性。生活中我们可以观察到，易上火的人对鸡毛蒜皮的小事都很在意，别人不经意的一句话，他都会耿耿于怀。过后，他又会把事情尽量往坏处想，结果越想越气，终至怒气冲天。脾气不好的人喜欢自寻烦恼，没事找事，惹点祸来闯闯。

其实，当怒火中烧时，应当立即放松自己，命令自己把激怒的情境"看淡看轻"，避免正面冲突。当怒气稍降时，对刚才的激怒情境进行客观评价，看看自己到底有没有责任，恼怒有没有必要。

懂得控制自己的情绪

有一种人总爱说类似这样的话："我的脾气是坏了点，但我的心思都是好的。我训斥你是因为把你当朋友，不能看着你犯下那样的错误。也许我不该当着那么多人的面说你，可当时我一急就什么都忘了，但我绝对没有恶意，希望你能明白我的良苦用心……"

在我们的现实生活中，面对不同的环境、不同的人，会发生很多自己意想不到的事，随时随地保持好自己的情绪是至关重要的。心理学认为，每个人都有自己的情绪，而情绪是一种变化无常的东西，我们要想办法将它控制好，否则任由自己的情绪肆意挥发，只会让自己产生很多心理问题。

有很多成功的人，能够把情绪收放自如，这正是他们取得成功的关键，这时，能否控制情绪已不仅只是关乎感情上的表达，更成了做事成功与否的关键。有时候，掌控不住情绪，不管三七二十一地发泄一通，结果弄得场面十分尴尬。生活中，每个人都难免碰到这种不快的状况。但是，聪明人会立即将情绪收回来。

自古以来，在评价一个人时，只看他的涵养和行事风格就知道其是否是可塑之材，是否有大将之风。因此你要成为成功人士，除了具有常识和能力之外，还要看你能否将情绪操控得当。能将情绪操控得当的人总是能够很好地控制住自己的情绪，面对败局能够做到镇静自若，并有能力力挽狂澜，不会因为颓废或愤怒的情绪把事情弄得一团糟。

情绪控制得好，可以将阻力化为助力，在山重水复处开辟一条通向成功的新路。情绪若处理得不好，便容易激动，产生一些非理性的言谈举止，轻则误事受挫，重则给他人造成心理创伤，既得罪了人又误了事。

如果真的有人让你无比气愤，你也应该努力克制自己在盛怒下的情绪，这不仅是个人修养的体现，而且是理智的表现。在你采取任何行动之前，先数到10；要是极度愤怒的话，就数到100。

怒气不亚于一座“活火山”，一旦爆发，既会伤害别人，也会伤害自己。同时，怒气又是一种奇怪的东西，只要给它一点时间，稍稍耐心地等一下，它就会自己溜走；但是一旦你给它行个方便，它就能惹出更多的怒气，变得一发不可收拾。

怒气只能衍生出恶言恶语、争吵打骂，最后的结果必然是感情出现裂痕，友谊破裂，甚至“冤冤相报，无休无止”。这座“火山”喷发的火气会灼伤自己，烧痛别人，周围的人和你结怨的结怨，无仇的有恨，无恨的远离，最终你将成为孤家寡人。

一旦发现你体内的“火山”有爆发的倾向，就应立即制止或者把它发泄掉，但必须在不伤害自己和他人的前提下进行。

将“怒火”扼杀在摇篮里。任何一种情绪在刚开始的时候都是容易克制住的。当你开始觉得不愉快、气愤的时候，不妨尝试着延迟开口说话和反驳的时间。“10 秒钟之后……20 秒钟之后……我再说话，或者干脆在生气和体内充满怒气的时候不要说话。”

“多回头想想”。不要一味地想对方怎么让你恼怒，多“回头”想想：他并不是我不共戴天的仇人，他并没有怎么损害我，也许他并不是有意的。事实证明这是一个很有效的方法。

找个“出气筒”。要是能够在不伤害他人的前提下把积郁在体内的怒气发泄出来，也是很好的办法。比如，有的女孩子喜欢生气的时候逛街、吃零食，以此忘记恼怒；你可以找个空旷的地方，大声喊出你要说的话；你可以把一腔怨恨写在纸上，或者乱写乱画……

总之，办法多得是，多掌握一些控制情绪和发泄愤怒的方法有利于你自己的身心健康，也有利于你和周围的人更加融洽地相处。

第四章

学会爱与被爱的婚恋心理学

领悟爱的真谛，保持正确的爱情心理

一般人认为，对爱情要用以下一种较长的定义来说明它的内涵，比如：爱情是男女之间互相仰慕，并渴望成为终身伴侣的一种忠贞不渝的高尚感情；它是男女双方真挚感情的共鸣，是心与心的碰撞，是深刻而彻底的信息交流。

这一定义概括了爱情的几个特征：一是爱情的目的性。爱情的目的是“成为终身伴侣”，因此，恋爱应该具有一种责任感，对自己负责，也对对方负责，不能马马虎虎地玩弄爱情。二是爱情的持久性。爱情是“忠贞不渝的高尚感情”，这就是说，当一个人已经同对方建立了恋爱关系，他就不能轻易更改，即使在人生道路上遇到另一个更合适的异性，也不能把原来的抛弃。三是爱情的纯洁性。这就是说，爱情强调男女双方感情的真诚，不能掺杂任何虚伪的成分，只有这样，才能使爱情永远保持旺盛的活力。

在爱情的 3 个基本特征中，纯洁性是最重要的。意大利文艺复兴时期的著名作家薄伽丘说：“纯洁的爱情是人生中的一种积极因素，幸福的源泉。”怎样才能使爱情纯洁呢？我们敬爱的邓颖超同志说：“真挚而纯洁的爱，一定渗有对心爱的人的劳动和职业的尊重。”这句话的意思是说，如果男女双方的爱是真挚而纯洁的，那么就应该尊重对方对劳动和职业的选择意见，不要以自己的爱好来限制对方的行为。

纯洁的爱情是人内心产生的情感，而不是凭借自己的视觉印象发出的指令，有一首小诗是这样描述这种情感的：

从心跳开始的爱情，才是真正的爱情，
从眼热开始的爱情，只是一种买卖。
美丽的形象可以唤起生理的激动，
生理的激动只是像一现的昙花。
美丽的灵魂唤起的是心灵的激动，
心灵的激动像常青的松柏。

这首小诗分析了爱情产生的两种情况，一种是从心跳产生的，另一种是从眼热产生的。这两种情况所产生的作用不同，一种是唤起心灵的激动，另一种是唤起生理的激动。这两种爱情的实质和持久性也不同。一种是真正的爱情，像常青的松柏一样持久；另一种是感情的买卖，像昙花一现一样短暂。两者对比，人们会清楚地认识到两种爱情的区别，从而决定自己选择的爱情应属于何种类型。

一些心理学家根据数百对爱侣或夫妻的感情及自己深入的研究，归纳出了爱情的六大元素。

男女双方衷心地无私奉献，为对方的利益幸福做出最大努力，愿为对方牺牲一切。

双方能够分享幸福和快乐，在长期相处中不会对任何一方的相伴感到厌倦乏味。

对心上人，有极深切的眷恋，经常思念萦怀。对于相爱的人，有高度的信赖感，坚信在生活上遭遇任何困难，对方都会伸出援手，不会令自己失望。

对所爱者的需求、感受及思想，都有明彻而深入的了解，尊重对方的兴趣爱好。

彼此可以毫无保留地沟通思想、感情，真诚的相爱者，能达到水乳交融、“心有灵犀一点通”的境界。

真诚相爱者，会视对方为自己生命中最值得爱的人，对方在自己心目中有无法替代的地位。

从以上的观点和言论我们不难得出：无论古今中外，大家都认为爱情必须是真挚的、纯洁的、专一的、持久的，是一种发自内心的高尚情感。然而，有些人却不以为然。他们认为，在市场经济的大环境下，人与人之间的任何感情，当然包括爱情，不可避免地要受到市场经济的影响。有的人得出了这样的等式：理想爱人 = 美貌 + 地位 + 金钱 + 柔情。

对这种歪解爱情的谬论，许多人嗤之以鼻。20 世纪初期，美国有一位著名作家，名叫杰克·伦敦。他少年时就开始独立谋生，当过牧童、报童和水手，因失业还过了一段流浪生活。后来经过自己的刻苦努力，他成为著名作家。有一个贵族小姐给他写来了情书，说：“杰克·伦敦先生，你有一个美好的名誉，我有一个高贵的地位，这两者加起来，再乘以万能的金钱，一定可以使我们建立一个天堂都不能比拟的美满家庭。”

杰克·伦敦对这种庸俗的幸福观感到十分厌恶，却用非常风趣的语言打破了这位贵族小姐的梦想。他在回信中说："根据你列的那道爱情公式，我看要开平方才有意义，而我们两个人的心就是它们的平方根。可是很遗憾，这个开出来的平方根是负数。"

爱的感觉，总是在一开始时觉得很甜蜜，总觉得多一个人陪、多一个人帮你分担，你终于不再孤单了，至少有一个人想着你、恋着你，不论做什么事情，只要能在一起就是好的。但是慢慢地，随着彼此认识的加深，你开始发现对方的缺点，于是问题一个接着一个发生，你开始烦、累，甚至想要逃避。有人说爱情就像在捡石头，人们总想捡到一块适合自己的，但是你又如何知道怎样才能够捡得到呢？

何况，他适合你，你也一定适合他吗？其实，爱情就像磨石子一样，或许刚捡到的时候，你不是那么满意，但人是有弹性的，在人的观念里很多事情是可以改变的，只要你用心。我们说，与其到处去捡未知的石头，还不如好好地将自己已经拥有的石头磨亮。很多人以为因为感情淡了，所以人才会变得懒惰。错！其实是人先被惰性征服，而后感情才变淡的。

所以请记住，有活力的爱情是需要适度殷勤灌溉的，谈恋爱更是不可以偷懒的！令人羡慕的美满情侣从来不需要祈求上帝保佑他们的爱情，只要培养良好的爱情习惯，注意爱情细节，你也可以轻轻松松塑造自己完美的爱情。

1. 真诚的鼓励和赞美。男女刚刚陷入爱情的时候，必然会互相赞美对方的优点，随着关系固定下来，最初的温度略为下降之后，人们对这种事情就做得少了，尽管两个人仍旧十分倾心于对方，但是已经不会再大声地说出赞美和鼓励的话。如果缺乏真心的赞美和鼓励，那么最初的赞美给彼此带来的美妙感受和感激之情就会大大降低，直接导致的结果就是两人的感情联系变得薄弱。

因此，必须多多鼓励对方，把他当作一个值得赞赏的对象，告诉他你对他身上的某个特点非常着迷，尤其是男性引以为豪但是别人很少能了解的方面，比如他良好的社交能力、不为人知的小癖好，甚至是他健美的身体。赞美还有一个妙处就是它会传染，经常给对方打气，他也会习惯于寻找你身上的闪光点并给予鼓励和赞赏。

2. 说出你想要的。小莲最痛恨丈夫在入睡之前不拥抱一下自己，就直接蒙头睡觉。每当他忘记的时候，她就会气恼，一会儿掀开被子，一会儿嘟囔着哼哼，就是不好好睡觉，甚至会装病哭闹，而她莫名其妙的丈夫只是会不断地问她："你怎么了，到底哪里不舒服啊？"

相信这一出戏剧场面你并不陌生。很多女人都跟小莲一样，希望自己的丈夫或者男友是一个超感知能力者，不需要说明就可以做出她们喜欢的浪漫举动。但是，并非每个男人都有这种感知能力，他不能在你的心里装上窃听器，随时破译你的心声，如果他知道你在等着他破译，只会让他哭笑不得。

在良好的情侣关系中，这种猜心游戏是应该坚决摒弃的。最稳固、最深切的爱情需要以没有障碍的沟通作为基础。需要什么、苦恼什么，希望对方说什么或做什么，都是直接说出来为好。你一言不发地自己生闷气，只会让对方无所适从，心生郁闷，很容易引发矛盾和冲突。

3. 忽略无伤大雅的癖好。夫妻或情侣长期生活在一起后，个人习惯和癖好都会展现在彼此面前。无论他多么让你心神荡漾，共同生活才是考验你耐心和包容的开始。他可能每天早上都一边吹口哨一边打领带，也可能永远把用过的浴巾扔在地板上。无论多么奇怪的小癖好，明智的人都应该选择统统无视。你很快会发现对这些小事情睁一只眼闭一只眼，对你们的关系绝对是利大于弊。既然已经是多年形成的习惯，那么绝对没必要在这种事情上浪费时间、大动干戈，不要因小失大。

4. 亲密不应该流于形式。在爱情中，最初表达彼此的爱意往往都是通过亲吻。要重视你们的每一个吻，每次接吻的时候都要真诚而温柔，永远像你们第一次亲吻的时候一样怀有激动和喜悦的心情。吻是一种很奇妙的行为，可以很好地表达出一种“我对你爱不释手”的情感，对方会感觉你深深地被他吸引，同时他的爱也是你所渴望的。另外，增进感情的方法并不只限于亲吻，两个人在一起的时候应该多用抚摸或其他的身体接触方式来表达感情。有的情侣习惯在任何时候都手牵手，即使在两个人睡着了以后也不分开，这是一个值得借鉴的习惯，可以让你们之间的默契和温情保持在一个细水长流的稳定水平上。

5. 每天至少联系一次。如果每天下午你都会收到伴侣的一条微信，你会不会感觉很幸福？也许你们晚上就会见面，但是无论如何他都会保持这个习惯，哪怕只是寥寥的几个字。时刻将你们联系在一起的微信成了你们之间感情的纽带，让你知道他在百忙之中心里还惦记着你，还有什么比这更让你感动的呢？在关系牢固的恋人之间，这种做法非常普遍，他们不会让彼此失去联系，哪怕是一天也不行。现代社会生活节奏紧张，工作压力繁重，很有可能两个人接连几天都不能见面，无论是电话、微信、短信、电子邮件，还是枕边的一张小小字条，无非是想表达：尽管我们不能见面，但是我们的心永远在一起。

6. 安享二人世界。经常穿梭于各种聚会或派对的情侣往往不被人们看好，真正有潜力天长地久的是那些习惯过二人世界的情侣。他们不需要在人情关系网中寻找安全感，在两个人的世界里，他们一样自得其乐。真正快乐的伴侣珍惜两个人相对的每一个平凡时刻，他们在一起就很好，不需要其他人来打扰，不依靠任何活动和游戏就能满足。真的可以做到吗？可能你不相信，一对有默契的情侣可以几个小时坐在沙发上各看各的书，或者聊他们的白日梦，甚至就是光坐在一起沉默地思考，并不需要制造话题，也不需要什么背景音乐，因为对他们来说，能在彼此的身边相伴就已经足够了。

7. 大胆追求激情。一成不变的日子让人乏味，性爱更是如此，积极的伴侣不会忽视这个问题。美满的性爱特别有助于促进感情，两个人都有义务开发新的情趣，让两个人的激情永不消退。经常变换花样会让彼此之间获得更大的欢娱，同时让彼此更了解对方的需要，让两个人真正地达到身心合一。在这方面，两个人的交流更加重要，应该放下羞怯的心理，积极坦诚地追求美妙新鲜的感觉，这样才能让爱情历久弥新，坚定持久。

8. 及时清除爱情摩擦。这不是要求两个人每个星期开一次例会，讨论最近爱情方面的投入、支出等是不是按时按量地完成了；也不是说，当不安全感或摩擦产生的时候，就要展开批评和自我批评。两个人对感情能够开诚布公地讨论并把握进度，是很有必要的。经常总结你们的表现和内心的想法，可以帮助你们找出爱情路途上的小小不平，并随手解决掉。把近期积聚的感受和想法，特别是不愉快的想法统统讲出来，所有可能影响两个人感情的不快都能够得到宣泄和消除。这是一种积极的方法，可以预防两个人各自关闭心灵引起的危机，这是很多亲密伴侣经常采用的方法，值得学习。

夫妻相处的几种错误心理

人们都说“相爱容易相处难”，的确是这样，夫妻之间平常的拌嘴其实很自然，但是如果上升到“战争”，总是打打骂骂，这样的婚姻就岌岌可危了。下面我们指出夫妻相处的一些错误心理。

第一，认为夫妻之间没有隐私，应该坦诚无讳。

诚实是两个人相处中最应该遵守的品性，但这并不代表在所有的事情上你都要表现得过于真实，因为很多时候真话并不是那么美好，很可能会对你的伴侣造成伤害。怎样才能把握好真实和善意的不真实之间的尺度呢？什么时候该说真话，什么时候应该轻描淡写？最有效的办法就是在开口说话之前，先设想一下如果换成你来提问，你会希望他说出什么样的答案，如果跟你打算说出的回答一样，你会感觉高兴还是受打击？如果是后者，那么很明显，你绝对不可以按照这种方式回答。另外要注意的一点就是不要对伴侣不想说的事情刨根问底，可能不这样做你会感觉不甘心，但别忘了，他不想说的原因，是他也知道真话不一定全是美好的。

在现实生活中，还有这样一种情况，许多夫妻在婚后都会为双方是否保留一定的隐私权而发生争执。举例来说，当妻子获知丈夫在婚后仍然与相识多年的一位异性朋友保持来往后，她难免会心生疑窦，尤其是当对方还是一位年轻貌美的女人时，做妻子的就更难免会猜忌丈夫与对方的关系，这倒是人之常情。她要么强行要求丈夫与其断绝关系，要么采取秘密跟踪、多方打探、突击检查等手段扎紧篱笆以防不测。如果丈夫得知妻子仍然与某个追求者或与某个男同事保持着相对密切一些的友谊，他恐怕也会勒令妻子必须与其断绝来往，他甚至会检查妻子在出嫁时所带来的东西，如果发现妻子尚保存着追求者写给她的情书，或发现经常有异性打电话与妻子聊天，这位丈夫一般都会销毁那些信件，或要求妻子公开与那个神秘人物的关系。如果双方在上述问题上不愿做出让步的话，那么一场马拉松式的家庭战争就会拉开序幕。其实这就是互相不理解以及忌妒和自私造成的。

夫妻之间到底应不应该坦诚无讳？能不能有所保留？看似简单的问题，却常常有着各种耐人寻味的答案，竟然有80% 以上的人认为不该毫无保留地全盘托出。

其实，我们每一个人都有一份只属于自己的人生经历和境遇，我们每一个人所交往、接触的人都不一样，也是这些造成我们性格上的不同，有时候，留一点秘密会让你的生活少一分猜疑，多一点快乐。当然，留点秘密并非有意欺骗，也绝不是故意让人背离诚信原则，只是要你能在说话之前多动动脑子、多思考，以免祸从口出。这也体现了人与人之间的一种相处艺术，只要掌握好分寸，你就会很快拥有更好的人缘，拥有成功的人生。

曾有一位女士讲过自己的甜蜜婚姻："恋爱的时候，我要把自己的历史向他坦白，他拒绝了。他说，每个人都应该有自己的秘密，而寻找爱情只该看对方的现在和将来，不必问过去。那年刚好发生日全食，他就与我探讨日全食好还是日偏食好。我认为日全食千载难逢，好看；他却说日偏食明中有暗，暗中有明，而且偏食多全食少，还是欣赏日偏食更有意义，更现实些。走进两人世界后，他把'日偏食'的观念用在家庭里，给我和他自己各留一方自由的空间：一张书桌3只抽屉，他给我一把钥匙，自己留一把，中间一个放家庭共用的东西。从邮箱里拿到我的信件，他从来不拆不问；听到电话先问找谁，从不先问对方是谁；每月工资发放后，除各出80%用于家庭开支外，其余的个人支配……我曾问他，这是不是AA制，他说有点像，但不全是，只是每个人拥有自己的小天地而已。跟丈夫相处，我觉得他有绅士风度，跟他在一起我很有安全感，我同时拥有二人世界和个人空间两个自由的天地，真是一个'日偏食'的景致。"

一个成熟、理智的人，应该学会留一些秘密给别人，这是对他人的尊重。而留点秘密给自己，就会多一份魅力。如果要想使自己的魅力保持得更长久，让大家都不至于尴尬，适当地保留一些秘密是非常必要的，这也是一种生活的艺术，一种生活的智慧。

第二，认为爱不需要付出。

有这么一对年轻恋人，总在争吵应该谁先对谁好。女人说："你得先对我好，我才对你好！你不对我好，就甭想我对你好！"男人也不服气："凭什么要我先对你好？"

即使是在热恋中，他们谁也不愿主动为对方多做点事情。女人觉得那样做了，自己就降低了身份，成了男人的奴仆；男人也觉得不该去伺候女人，那样他的“大男子”身份就受到了贬损。直至婚后，他们之间极端的“男权”与“女权”的战争也从未停息，反而愈演愈烈，为此时常爆发争吵。

悲剧终于发生了。男人与另外一个女人相识并相爱，在这个女人细心的关爱下，男人感觉到“爱情就是互为奴仆”，于是全身心地对这个女人好，而他原来的婚姻也终于解体。

这个案例其实是在告诉我们，爱，从来都是不可以单向索取的。你不能斤斤计较，对方给了你多少，再视情况给对方多少“爱”。那就不是爱了，而是爱情买卖。

爱的付出往往都是体现在一些小事情上，并不需要多少付出，但是却影响着爱情的走向，可以让对方深为感动并怀念你的好，换得的是更深挚的关爱，换来的是一辈子的惦念和无法忘怀。要想得到意中人的心，不能只是傻傻地去爱就可以了，必须得学会付出，用我们的心、我们的智慧，去打动对方。

第三，说话不讲究方式，认为有什么就该说什么。

说话实在是一门艺术，说得好可以救人，说得坏则可杀人。许多女人都以为结了婚，是一家人了，当然就可以畅所欲言，想说什么就说什么。逞口舌之快的后果只能是与丈夫同床异梦。很久以前一个牧师太太曾这样说：“你每说一句话，每发一个声，都会被记录下来，即使你旁边没有人，山会记下来，水会记下来，凳子桌子也会记下来。千万不要以为你说的话没有用，不会产生什么影响。”所以好话多多益善，坏话能不讲就不讲。很多家庭关系的破裂都是因为讲话太随便所致。古人说夫妻要“相敬如宾”，不是没有道理的。

第四，以工作忙为由忽视对妻子（丈夫）的爱。

这一点是我们日常生活中许多夫妻之间都存在的问题。例如，宇文先生通过自己的努力终于升任经理一职。但是，职位高了，公事也变多了，几乎每隔一天就有一些推也推不掉的应酬，因此，他常常忙到半夜才拖着疲倦的身体回家。

宇文先生的妻子是一位非常传统的女性，对于丈夫早出晚归、把家作为旅馆的生活方式非常不满。刚开始，妻子还能够耐着性子好言规劝，要丈夫对于可不参加的应酬最好不要参加，多花点时间陪自己和孩子。然而，宇文先生却总是由于工作原因，一次又一次地晚归。

终于有一天，妻子忍不住和他吵了起来，骂他是个只知道工作、没有感情的工作机器，骂他根本不懂什么叫婚姻、什么是生活，责问他有没有想过她每晚守着空空的房间，担心等候他的心情是怎样的……

妻子的一番话带给了宇文先生极大的震撼，本以为自己对妻子专一、忠诚，专注于工作也是为了这个家，却没有想到自己忽视了妻子对自己的感情需要，这么严重地伤害了妻子。

从此以后，宇文先生开始尽量提早回家，即使碰上实在无法推脱的应酬也会先打电话给妻子，向妻子解释清楚。有空的时候，更是加倍体贴、温柔地照顾妻子和孩子。

毕竟两个人还是相爱的，渐渐地，夫妻俩的感情变得比任何时候都甜蜜，生活更加幸福美满。感情从来都是两个人的事情，任何一方对爱的忽视都可能将其彻底破坏殆尽。所以说，要想维系好一段感情，双方都应该积极参与到对方的生活和工作中，好好呵护夫妻之间的爱，不能忽视对自己爱人爱的表达。

总之，夫妻双方应当像恋爱时一样在心中充满爱，在生活中学会理解、体贴对方，摒除那些错误的心理，这样才能营造一个温暖的家。

学会经营美满幸福的婚姻

米小云和丁悉瑞婚前甜蜜恩爱，热恋中的他们经过一些挫折后，终于结合以期长相厮守。然而婚后生活压力大，两个人都要忙着挣钱，每天晚上都要加班很晚才回家。职场的竞争异常激烈，心中的苦闷又无处可诉，只得带回家，所以两个人常常在晚上拖着疲惫的身体回家，然后互相抱怨。时间一长，往日的甜蜜恩爱竟化作了彼此间的无限怨恨。如今，两个人都开始逃避这个家庭，常常夜不归宿。在他们的心底，是渴望婚姻走向永恒的，然而当没有了激情，连他们自己都有些怀疑这座婚姻城堡的牢固性。

当恋爱中的男女结束热恋的浪漫，步入婚姻生活的时候，人们开始变得现实。其实，人们在建立一个家庭的时候，夫妻双方就有了相互的约束力，再加上对新生活的不知所措，或者单调的生活及家庭人际关系的复杂等各种因素的影响，生活中的矛盾油然而生，初婚的甜蜜被冲淡，爱情失去了激情与浪漫，多了平淡及真实。

婚姻中的人们要面对工作以及日常生活中遇到的一切烦琐的事情与不快的矛盾，包括无数的风雨和挫折，包括柴、米、油、盐的生计安排。因此，婚姻中的人们难免有一种挫折的情绪产生，这也就此印证了“婚姻是爱情的坟墓”的说法。

俗话说得好：“婚姻是爱情和面包的结合体。”婚姻本身无所谓好与坏，质量高与低，婚姻的成败、苦乐全在于自己的掌握。婚姻的目的是为了建立一个幸福美满的家庭，延续自己浪漫迷人的爱情，并用心经营、呵护自己的爱巢，创造甜美的爱情果实。现实生活中，有许多夫妇婚后感情与日俱增，一直恩爱有加；而有一些夫妻受不了现实生活的乏味与挫折，最终以离异收场。

其实对于最终离异的夫妻，追根究底，就是因为某些不正确的心理在作怪，使得原本感情深厚的夫妻在不断摩擦中产生矛盾，随着时间的推移，随着这些心理的一再作祟，随着无法解开的矛盾越积越多，最后自然只能分道扬镳。那么，这些不正确的心理都有哪些呢？

自夸、逞能，这一问题在男性中普遍存在，而他们一旦发现自己的妻子也有这种习惯的话，则会非常厌烦，而喜欢逞能的妻子则不服丈夫的说教、冷眼，战争随之爆发。心胸狭窄，嫉妒心强，抓住一些“莫须有”的事情就开始唠叨、质问、生气、发怒，好争辩，爱挑毛病，令人无所适从。喜欢强词夺理，文过饰非，搞得夫妻之间一点温柔的情意、快乐的感觉都没有。感情脆弱，尤其是女性，受到丈夫的一点点冷落就开始掉眼泪，述说恋爱时与结婚后丈夫的种种表现，令丈夫无法接受。不理家务，无论是丈夫还是妻子，无论出于什么原因，不理家务都是对于婚姻幸福非常不利的。粗鲁，不文静，没有风度，没有教养，没有素质，缺乏上进心，得过且过，平庸呆板。脾气暴躁，没有耐心，凌驾于家庭之上，不能平等待人，动辄发火，令人无法忍受，还喜欢批评人，缺少大度慷慨。嘴碎唠叨，喜欢在小事上吹毛求疵，抓住一点小过错就不依不饶，缺乏共同的生活情趣，志趣不投，无法共同享受生活的乐趣，甚至互相抵触。自私，不知体谅，抱怨，干扰对方的爱好。对子女缺乏兴趣，家庭观念薄弱，对子女过于严厉，不顺心时拿孩子当出气筒，干涉对方对子女的管教，许多家庭属于“严父慈母”型家庭，但如果一个过严，一个过慈，自然就会产生矛盾……

面对诸多不健康的心理，其实解决的办法很简单。结婚以后，夫妻双方一定要学会坦诚相处，互相信任、互相理解、互相体谅，把对方真正当成要和自己走一辈子、相扶到老的伴侣。坦诚相处，互相信任，互相理解，这是一种使人奋发向上的力量，有助于夫妻双方在思想上和感情上达到和谐一致，坦诚是双方心理活动上的一种互相补偿，这样双方才能产生一种温暖、协调的健康心理。因此，夫妻之间应该坦诚、信任地相处，做到互敬互爱，互相关心，互相关照。经常沟通、交流也是夫妻感情“保鲜”、使感情日益深厚的有效方法。结婚以后，夫妻应当经常坐下来聊一聊，沟通一下思想，交换生活心得，彼此倾诉自己的一些苦恼、伤心和烦忧。特别是在遇到挫折的时候，最需要的就是亲人、爱人温暖的慰藉。一个淡淡的微笑、一句同情的话语、一个鼓励的眼神，都会减轻对方的心理压力，都会增强对方战胜困难、挫折的信心和力量，真正做到相知相惜，相爱相扶，患难之中见真情。

当然，在现实的社会生活中，每个人都有自己独特的个性，两个人的性格、脾气无论有多么相似、多么相投，也都会有各自的不同之处，也都会有不同的见解，所以矛盾、问题也就在所难免了。而若想保持夫妻之间感情和睦，就必须学会尊重对方，尊重、包容对方的个性特征。比如说，有的夫妇，丈夫社交能力很强，生性活泼爱动，个性热情积极奔放，在外闯荡多年，在家根本就闲不下来，待不住；而妻子呢，天生比较喜欢安静，不热衷于社交活动，朋友也就那么几个知心的，也不喜欢逛街、美容、购物等，就喜欢待在家里，而且希望丈夫能够终日在家陪着自己。所以每次丈夫尽兴归来，妻子就会一脸不高兴，有时还会对丈夫发牢骚、抱怨，使点小性子，而做丈夫的如果个性比较直率的话，就会受不了，就有可能发生争吵。一个懂得体谅对方、真正善解人意的妻子或丈夫，应该懂得尊重对方，不要把自己的意志、意愿、喜好强加给对方，要学会给对方保留一定的属于自己的自由空间。这样，婚姻就不会是一种压力、一种禁锢，而是既能够充分发挥各自的个性特征，又互相依恋、互相温暖、互相关心的温馨欢乐之家。

比翼鸟、连理枝、百年好合、白头偕老、珠联璧合、相扶到老……全世界的人对于幸福婚姻的憧憬、对于婚姻的构想都是一样的。而不幸的婚姻却各自有着不尽相同的原因。细心地经营自己的婚姻，关心、呵护、理解、包容对方，以充满欣赏的目光来看待陪伴自己一生的爱人，对他（她）倾洒自己满腔的深情与爱恋，这样才能保持幸福美满的婚姻！

著名文学家契诃夫曾经说过这样的话："在婚后生活中，最重要的事情就是忍耐。"当对方发脾气或者发出挑衅、战争的信号时，另一方最好采取忍耐、沉默和避开的方式，或设身处地了解其中的原因，帮助对方从焦躁、愤怒之中解脱出来，而不要让自己的情绪与心理受到对方的影响。

真正幸福美满的婚姻是建立在不含任何杂质的爱的基础上的，用自己的温暖、细心、关怀、体贴去感化对方是增进夫妻感情最有效也是必需的方法。比如下雨天，丈夫主动打伞去车站迎接妻子；丈夫灯下夜读或写作时，妻子悄悄送上一杯热茶、牛奶或精致的夜宵。这些看似毫不起眼的小事、小细节，往往能够很大程度地增进夫妻彼此之间的感情。

当然，我们必须承认的一点是，在婚后的生活中，虽然不乏这些卿卿我我的温柔之事，也不乏需要两个人共同协商与决定的大事，但更多的是柴米油盐之类的日常琐碎之事。夫妻关系的平等、尊重、和谐、美好更多地表现在家务的共同分担上。主动承担家务的一部分，是丈夫爱护妻子、妻子体贴丈夫的具体表现。如果需要对方去做，也最好把指令式的"你来做"换成亲切的"帮帮忙"。

在现实的婚姻生活中，当富有情调的小打小闹升级以后，就可能发展成为激烈的对抗，有的夫妻甚至长期冷战，餐不同桌、夜不同床，形同陌路。这种不正常的婚姻状态对于夫妻之间的感情、对于整个家庭都将造成毁灭性的沉重打击。

其实，承认错误是化解婚姻矛盾、善待婚姻的一个非常重要的手段。在日常的夫妻生活中，巧用暗示、委婉的方法，有助于化解夫妻之间的矛盾。比如两人的矛盾确实是自己的过错所致，不妨自己找一个台阶巧妙地去承认，向对方示意自己让步、认错，表示自己的歉意。即使双方都存在一定的过错，但夫妻之中必须有一个人能够理智地分析问题，或者以巧妙的方式化解风波。

幽默是处理好夫妻关系的润滑剂，在适当的时候，可以恰到好处地开一个无伤大雅的玩笑，很自然地做一个鬼脸，做一个滑稽的动作，用爽朗、快乐、具有感染力的笑声，驱除紧张、不愉快的气氛，赶走那些不良的情绪。

另外，在现实的夫妻生活中，当对方倾诉某些事情或者征求意见时，一定要认真、耐心地听下去，切忌不耐烦、心不在焉或答非所问，不要打断对方的谈话，更不要以盛气凌人的语气教训对方，否则会使对方感到自己不受尊重，严重损害夫妻之间的感情。“金无足赤，人无完人。”每个人都有不足之处，不要以挖苦、冷嘲热讽的方式挑对方的毛病，有客人在场或在公共场合的时候尤其不要这样，以免让对方觉得难堪，伤害对方的自尊。如果对方确实有缺点，存在失误之处，尽量用温和的方式指出，耐心地说服对方。与此同时，过去各自的恋爱史不要总是重提，信件、礼物等也应毁掉或适当地处理掉，以免节外生枝，因为爱情不同于友情，毕竟具有自私性。

彼此信任，剔除猜疑的心理

无根据的猜疑是婚姻的大敌，它使人自寻烦恼，甚至导致双方感情破裂。猜疑一般总是以某一假想目标为出发点进行封闭性思考的。这种思考既从假想目标开始，最后又回到假想目标上来，就像在画一个圆圈，越画越粗，越画越圆。

莎士比亚的名著《奥赛罗》中描写了国王的女儿苔丝德蒙娜冲破家庭和社会的重重阻力，同奥赛罗这样一个出身卑贱、肤色黝黑的将军结婚了，婚后的生活十分美满。然而，奥赛罗部下的一个军官尼亚古出于卑鄙自私的目的，编造谣言，制造陷阱，挑拨他们的夫妻关系，使奥赛罗对忠诚纯洁的妻子产生了猜疑之心，在一个漆黑的夜晚竟用被子把苔丝德蒙娜活活闷死了。后来，奥赛罗知道了事情的真相后追悔莫及，自刎于妻子脚下。

生活中不乏因猜疑而损人害己的事例，因此，在婚姻生活中应设法克服这种不正常的心理现象。具体应当做到：

1. 努力从自我的主观想象中走出来

有些夫妻在婚姻生活中常产生猜疑心，一个重要的原因就是思维方法上主观臆想的色彩太浓，无根据地加强心理上的消极自我暗示。这自然是不好的。解决的方法很简单，那就是多与对方交流思想，交心才能知心。人们常说："长相知，才能不相疑；不相疑，才能长相知。"这话是很有道理的。在爱情生活中，只有做到襟怀坦荡，开诚布公，才能相互信任。有了这个牢固的基础，主观色彩很浓的猜疑心自然会烟消云散了。

2. 加强积极的自我暗示

当你对爱人的怀疑越来越重的时候，要尽量提醒自己"刹车"，想办法加上一些"干扰因素"，如"也许是我弄错了""他（她）也许不是那种对爱情不专一的人"，等等，以打破自己的怀疑。条件允许时，可做一点调查，以澄清事实真相。

3. 努力把爱情关系建立在互相信任和尊重的基础上

著名电影演员达式常仪态潇洒，风度翩翩，尤其是在他塑造了许多栩栩如生的艺术形象后，不少多情的姑娘写信给他，向他表露爱慕之情，有的还寄上楚楚动人的照片，愿意同他交个"朋友"。达式常把这些信都交给了妻子王文皓，因为他信任妻子。妻子也从来不干涉达式常的拍片需要，不止一次地对他说："片子中该怎么演就怎么演，我相信你！"尽管达式常因工作需要，经常离家外出，同姑娘们打交道的机会也很多，但王文皓从来没有猜疑过他。

有了达式常夫妇这样的互相了解和信任，猜疑的蛀虫就难以在人们的爱情生活中生存。不仅夫妻关系如此，恋爱关系也是如此。

4. 对别人的闲话不要盲目相信

不少猜疑都是由别人的闲话引起的。所以，一旦有了猜疑，不要意气用事，而是要冷静分析。应该看到，生活中“长舌妇（夫）”确实有，即使有些亲朋好友出于好心，向你通报你爱人的所谓“外遇”情况，也不能一听就信，因为很难保证这些情况中没有失真的成分。

正如前面所说，人在猜疑的时候，容易为封闭性思路所支配，这时，自己的冷静克制是绝对需要的。要多设想几个对立面，只要有一个对立面突破了封闭性思路的循环圈，你的理智就可以及时得到召唤。冷静分析以后，仍然难以解除猜疑，那就应该及时同恋人交换意见，当然方式方法要注意。有了猜疑却长期闷在心里，结果既解决不了问题，还可能使矛盾进一步扩大甚至恶化，于人于己都不利。因此，要想使婚姻生活永远和谐温馨，就应该对爱情生活忠贞不渝，永不猜疑。

5. 彼此信任、尊重，给彼此留一些空间

如果想知道一对情侣是感情深厚还是感情已经亮起红灯，只要观察一下他们谈话时的表情和语气就可以看出端倪。如果他们之中的任何一个动不动就给对方白眼、冷笑或者出语讽刺，那么可以宣告他们之间不太可能长久下去了。如果一个人对另一个人总是居高临下，说明他们之间缺乏最基本的尊重，这是每一对伴侣都应该尽量克服的坏习惯。

尽管很多时候你需要很大的力量克制自己不发表意见，但是一个好恋人确实不应该对伴侣表现出轻蔑或讥讽。有的时候你的伴侣确实表现得愚蠢，不妨换个立场考虑，如果你受到对方的抢白或嘲笑，你必然感觉受到了伤害，这种力量作用到对方身上，他受到的打击是相同的。学会克制，维护对方的自尊对你们的关系很重要。

谁都希望有美满的婚姻，有一个永远爱着的人，但是并不是所有人都能如愿以偿。要知道，相爱容易相处难，夫妻生活也是一门学问，一门艺术。

俗话说，能够成为夫妻是一种前世未了的缘，而要成为一辈子的夫妻则更需要互敬互爱，体贴宽容。夫妻之间如漆似胶、相敬如宾、举案齐眉，这是多么美好的画面，所以古语说得好："只羡鸳鸯不羡仙！"

但是时间长了，婚姻生活往往少了温馨而多了抱怨。双方经常为一些小事吵架，甚至恶语相向，大打出手，原来的和谐与融洽全然不存在了。

有一对老年夫妇，非常恩爱。老太太的腿脚不方便，头发花白的老先生每天上午9点都会准时搀扶着她从二楼慢慢走下来，然后在花园里慢慢踱步，两人谈笑将近2个小时然后再回去，这种坚持持续了整整5年。

后来，老太太的腿脚灵便了许多，脸色也比过去红润了许多，老太太总是忍不住说："这都是我老伴儿的功劳呀，是他帮我创造了奇迹！"

其实，这对令人感动的恩爱老夫妇，在20年前，他们的婚姻也曾出现过危机，甚至都准备离婚了。

老先生当年是有一定地位的干部，有一次他下基层时，与一位宾馆的女服务员发生了关系。老先生自知对不起妻子，心里非常内疚，便主动向妻子交代了这件事，老太太听后如五雷轰顶，十分生气，无论如何都接受不了丈夫的背叛与出轨，坚决要求离婚。后来，因为老先生真心诚意的忏悔，也因为那只是醉酒后的一时糊涂，又考虑到孩子们的成长，所以老太太给了他一次机会。

获得原谅的老先生知道这件事对妻子的伤害很大，并且差点失去他一生的最爱，所以，从那以后，他十分真诚地对待她，用心来补偿她。虽然他的地位越来越高，而妻子越来越老，身体也越来越差，但在他身上却再也没有出现过桃色新闻。

综上所述，为了让我们可以在事业上没有顾虑地奋斗，为了让我们有一个坚固的后盾，为了让我们婚姻的家园更美好，夫妻之间其实不用花太多的心思，只要能够尊重你的爱人，进而因尊重给彼此多一点空间，就可以轻而易举地拥有幸福的生活。

第五章

持续精进必备的成功心理学

成功者的心理趋向

成功者喜欢逆向操作，“人取我弃，人弃我取”是他们常用的策略。

成功者常常有反向思维，在情势低迷时积累筹码，在潮流兴盛的时候倾盘而出。所以每次经济危机之时，都会造就一批拥有大量财富的成功者。

人们一般喜欢追逐潮流，跟在成功者的后面人云亦云，可常常被潮流打翻的也是他们。他们总是把成功者的生活想象得波澜壮阔，认为他们都是在大场面干大事情。其实成功者的智慧就在于他们能放下自己的架子，从小事做起。

成功者观察生活小事，从日常生活中、从大自然的细微变化中寻觅商机。成功者拍板的时间只是一瞬间，为了这一瞬间，他们一直在心情愉快地做小事。

很多人只想一夜暴富，一开口就是远景，恨不得所有的事情都有人打理，这样自己可以边喝着咖啡边冥想公司的“战略规划”。

成功者总是不安分的动物，他们从来不满足于现状，总是喜欢挑战下一个目标。就像众所周知的那个故事：球王贝利被人问，他的哪个进球最好，贝利回答："下一个。"如果让成功者回答哪次挣钱的经历最难忘，富人多半会说："下一次。"如果他们已经有100万，那么他们就会瞄准1000万。如果有了1000万，那么1亿就是他们的新目标。

因为他们已经达到一个目标，如果失去了新的目标，他们的生活就会失去色彩。他们以挑战为乐趣。所以，我们不难理解那些富豪为什么还孜孜不倦地追求和努力。

"有面包和牛奶就够了。""只要平平安安地过一辈子就好了。"假如你心中常常萦绕这种念头，失败也将萦绕你。"不稀罕平平静静的生活，为了赚大钱，即使是暴风雨的晚上，也要起航出海。"没有这种想法，就不可能成为成功的人。

几乎所有的成功者都有这样的习性：不满足于现状，奋发向上，不想过安稳、单调，重复如同摆钟一样的生活，想过"更富有、更有激情的生活"，这样的念头引导他们早出晚归，辛勤工作。没有不安分的念头，就很难有动力去改变现状，去努力拼搏。人人都没有这样的念头，世界就像一摊死水停滞不前。

引导成功的思维方式

你羡慕过身边的成功者吗？羡慕是对的，这证明你也有成功的渴望。但过分羡慕就容易产生强烈的自卑感，与其如此，倒不如多分析一下他们到底是用什么样的思维方式取得成功的。

可以回想一下，不管是大科学家、大政治家还是大企业家，他们之所以成功，之所以拥有丰硕的成果、深远的思想、巨额的财富，是不是都得益于他们与众不同的思维方式？

巴甫洛夫是俄国杰出的生理学家，他 32 岁才结婚。如同他杰出的研究成果一样，他的求婚也别具一格。

1880 年的最后一天，巴甫洛夫还在他的生理实验室没回来，许多朋友在他家等他。天下着雪，彼得堡市议会大厦的钟敲了 11 下。一个同学不耐烦地说："巴甫洛夫真是个怪人。他毕业了，照理可以挂牌做医生，那样既赚钱又省力，可他为何要进生理实验室当实验员呢？他应该知道，人生在世，时日不多，应该享享福、寻寻快活才是呀。"

巴甫洛夫的同学里面，有一个教育系的女学生叫赛拉非玛。她听了那个同学的话，站起来说："你不了解他。不错，人的生命是短促的。但正因为如此，巴甫洛夫才努力工作。他经常说，在世界上，我们只活一次，所以更应该珍惜光阴，过真实而又有价值的生活。”

夜深了，同学们渐渐散去，赛拉非玛干脆到实验室门口去等巴甫洛夫。

钟声响了 12 下，已经是 1881 年元旦了，巴甫洛夫才从实验室出来。他看到赛拉非玛，很受感动，挽着她的手走在雪地上。突然，巴甫洛夫按着赛拉非玛的脉搏，高兴地说：“你有一颗健康的心脏，所以脉搏跳得很快。”

赛拉非玛奇怪了：“你这是什么意思？”

巴甫洛夫回答：“要是心脏不好，就不能做科学家的妻子了。因为一个科学家，把所有的时间和精力都放在科研工作上，收入又少，又没空兼顾家务。所以做科学家的妻子，一定要有健康的身体，才能够吃苦耐劳，不怕麻烦地独自料理琐碎的家务。”

赛拉非玛当即会意，说：“你说得很好，我一定做个好妻子。”就这样，他求婚成功了。在这一年，他们结婚了。

巴甫洛夫别具一格的求婚，让我们感受到了他思维方式的与众不同。他把“我爱你”“嫁给我吧”等常用求婚语化作了含蓄的“你有一个健康的心脏”来委婉地表达出来，横生了许多妙趣。

1960 年，哈佛大学的罗森塔尔博士曾在加州一所学校做过一个著名的实验。

新学年开始时，罗森塔尔博士让校长把 3 位老师叫进办公室，对他们说：“根据你们过去的教学表现，你们是本校最优秀的老师。因此，我们特意挑选了100名全校最聪明的学生组成3个班让你们教。这些学生的智商比其他孩子都高，希望你们能让他们取得更好的成绩。”

3位老师都高兴地表示一定尽力。校长又叮嘱他们，对待这些孩子，要像平常一样，不要让孩子或孩子的家长知道他们是被特意挑选出来的。老师们都答应了。

一年之后，这3个班的学习成绩果然排在整个学区的前列。这时，校长才告诉老师们真相：这些学生并不是被挑选出的最优秀的学生，只不过是随机抽调的普通学生。老师们没想到会是这样，都认为自己的教学水平确实高。这时校长又告诉了他们另一个真相，那就是，他们也不是被特意挑选出来的，同样是随机抽调的普通老师。

这个结果正是博士所预料到的：这3位教师都认为自己是最优秀的，并且学生又是高智商的，因此对教学工作充满了信心，工作自然非常卖力，结果肯定非常好了。

罗森塔尔博士在思维上的一点小小的改变，带来了3位老师和3个班学生的巨大变化。不要小看了这常常被人们忽视的改变，它往往会带来一些意想不到的收获。

学会用自己独特的思维方式去看待事物、去分析问题、去解决疑难，你就会发现：成功未必复杂、艰难。有时，轻而易举的成功也并非痴人说梦。

虚虚实实，实实虚虚，这种心理战术的目的就是不让别人看穿自己，争取对自己最有利的时机，只要不存害人之心，这也是一种竞争技巧。

当今社会，无论是政治上的推行变革、商业上的进攻防守还是外交上的合纵连横，都时常需要有这种快速思考应变的能力。

将自己全身剥得光光的让人一眼看穿，使自己陷入攻无利矛、守无坚甲的境地，是不够资格与人论战竞争的。自诩光明磊落的行事风格有时也就会被人讥讽为愚痴，不知变通了。

让你内在的潜能迸发出来

生活中大部分人都在抱怨，他们之所以没有成为杰出人士是因为他们不具备杰出人士的能力，可他们不知道每个人的潜能都是无穷的，只是杰出人士善于开发，而他们不善于开发而已。

有一个美国人，他叫梅尔龙，被医生确诊为残疾，已经在轮椅上度过了 12 年的时间。原来他的身体是很健康的，19 岁那年，他被派到越南去打仗，流弹击中了他的背部，他被送回美国疗伤，回来后虽然康复了，却再也没有办法行走。

他每天都坐在轮椅上，觉得今生已经没什么希望了，就整日借酒消愁。一天，他像往常一样从酒馆里出来，但是碰上了 3 个劫匪，这 3 个歹徒想抢劫他的钱包。他拼命地叫喊抵抗，却激怒了这 3 个人。他们竟然放火烧他的轮椅。轮椅着火了，梅尔龙忽然忘记了自己是个残疾人，一下子从轮椅上站了起来，拼命地逃跑，居然自己跑出了一条街。事后，梅尔龙说："如果当时我不逃走，我就一定会被烧伤，我跳起来，拼命地往前跑。等到停下来的时候，我才意识到自己居然能走了。”

现在，梅尔龙在奥马哈城找到了一份工作，他身体健康，同正常人完全一样。

另外一个故事说的是一位农夫。

有一天，农夫在自己的仓库外面看着一辆轻型的小卡车经过他的土地。他 14 岁的儿子正在驾驶着这辆车。因为年龄小，他还没有资格领驾照，但是他对汽车很着迷，好像已经可以操纵这辆车子了。所以农夫就允许他在自家的农场里开，但是不准上外面的路。

突然，农夫眼看着车翻到外面的沟里去了。他非常着急，当他急忙赶过去之后，发现沟里有水，他的儿子就被压在车子的下面，只有头露出一点来。

这位农夫并不是很强壮，他只有 170 厘米高、70 公斤重，但是他毫不犹豫地冲过去，把双手伸到车底下，用力把车子抬了起来，让另外一位跑过来帮忙的工人把孩子抱出来。

当地医生很快就赶到了，他给孩子检查了一遍身体之后，很奇怪地发现，他身上只受了一点皮肉伤。

这个时候，农夫自己却开始怀疑了，他自己去抬那辆车子的时候，根本就没有停下来想一想自己是不是能抬得动。因为好奇，他后来又试了一次，结果他根本就动不了那辆车子。医生认为这是个奇迹，他向农夫解释说，身体的机能在对紧急情况做出迅速反应的时候，肾上腺就会分泌一种激素，传到整个身体上，产生额外的能量。这也许是唯一可以解释他当时力量的说法。

这类事情告诉我们另外一个很重要的事实，那就是农夫在危急时分所产生的这种超常的能量并不仅仅是一种肉体上的力量，还有精神力量的迸发。当他看到自己的儿子可能会被淹死的时候，他一心只想着把他救出来，只想把压着儿子的车抬起来，再也没有任何其他的想法。所以，他的精神促使他的肾上腺产生激素，从而激发出无穷的力量来。就算是情况要求他产生更大的能量，在那种情况下，他也能够发挥出来。

如此看来，人类在面临绝境的时候，往往会发挥出平时发挥不出的能力。人没有退路，就会爆发出自己也想象不到的一种爆发力。这便是所谓的潜能。潜能是人类拥有的最宝贵却又发挥得最少的能力，无数事实和许多专家的研究成果表明，我们每个人身上都藏着巨大的、还没有挖掘出来的潜能。任何一位杰出人士都不是天生的，他们成功的根本原因就在于他们的潜能得到了正确而有效的开发。只要你抱着积极的心态，以正确的思维方法去开发你的潜能，你就会有用不完的聪明才智；反之，你就只能哀叹命运的不公平，于是就更加消极无能。

每个人的身体内部都有相当大的能量，爱迪生曾经说过："要是我们所有人都能做到我们想做的事情，那么毫无疑问，我们会为我们自己的成就感到惊讶的。"

也许这才是问题的关键，你从来也不曾希望自己能做出什么成绩来。这是事实，也是最糟糕的事情，我们总是把自己放在我们自我期望的范围之内。

但是人的体内确实存在着更多的能力和更有效的机能。这些足以让你成为一名杰出人士，请再看一个真实的故事。

事情是这样的，第二次世界大战期间，一艘美国的驱逐舰停泊在某国的港湾，那天晚上万里无云，四周一片宁静。一名士兵在巡视全船，忽然，他站在那里不动了，他看到一个乌黑的东西在不远处的海面上漂浮着，那是一个触发水雷！可能是从远处的雷区漂流过来的，正随着退潮慢慢地接近船身中央。

他赶紧用电话机通知了值日官，值日官马上跑过来，他们立刻通知了舰长，同时发出了全船警备的信号，船上所有的水兵都动员起来。

军官想出了各种对策，起锚立刻就离开？不行，因为时间已经不够了。发动引擎让水雷自己漂开？也不可以，因为这只能让水雷更接近船身。用炮弹引爆水雷？这更不行，因为这颗水雷离驱逐舰上的弹药库实在是太近了。悲剧似乎无法避免了。

突然，一名水兵叫了出来，他的主意比军官想到的都好："用消防水管！"大家立刻明白了他的意思，用消防水管向水雷和驱逐舰之间喷水，制造一条水流，把水雷带向别的方向，然后再引爆雷管。

这个水兵是非常了不起的，他在危急的情况下仍然具有冷静镇定思考的能力，也就是说，哪怕是在极其危急的情况下，只要有正确的思维方法，就能激发体内的创造潜能，做出一定的成绩。

那些杰出人士比平常人更多地运用了人体的潜能，他们认为：无论什么困难影响到你的状况，你只要认为你有能力解决，并运用正确的思维方法，你就真的能处理它，最终到达成功的巅峰。

从“自我束缚”中解脱出来

杰出人士为何能成功？其中非常重要的一点就是他们善于摆脱自我束缚，用正确的思维对待周围的事物和环境。

什么是自我束缚？我们先举个例子来说明这个问题：跳蚤是跳高能手，如果把它放在桌子上，用手一拍，它可以跳很高，高度可以是自己身高的百倍以上，这在动物界是屈指可数的。

后来，科学家们在跳蚤的头顶架起了一个玻璃罩，再让跳蚤跳动。第一次跳蚤就碰到了玻璃罩。这样连续多次以后，跳蚤改变了自己能够跳起的高度来适应新环境，每次跳起的高度总保持在罩顶以下。科学家们逐渐降低玻璃罩的高度，跳蚤又经过数次碰壁之后主动改变自己的高度。最后，玻璃罩接近桌面，跳蚤无法再跳了，只好在桌子上爬行。经过一段时间，科学家把玻璃罩拿走了，再拍桌子，跳蚤仍然不会跳，跳蚤变成爬虫了。跳蚤变成爬虫，并不是因为它已经失去了跳跃的能力，而是由于一次次遭受挫折之后学乖了，习惯了，最后麻木了。最可悲的就是：虽然玻璃罩已经不存在了，可是跳蚤却连“再试一次”的勇气都没有。玻璃罩的限制已经深深地刻在它那十分有限的潜意识里，反映在它的心灵上。

动物是这样，人也不例外：行动的欲望和潜能被自己扼杀，科学家把这种现象叫作“自我束缚”。

很多人的经历与此极为相似。一个人在成长的过程中，特别是幼年时代，遭受外界比如父母、老师等太多的批评与打击或遇到挫折，于是奋发向上的热情、欲望就被“自我束缚”压制和封杀了。在这种情况下，如果没有得到及时的疏导与激励，他们就会对失败惶恐不安，对失败习以为常，逐渐丧失了信心和勇气，渐渐养成了懦弱、犹疑、狭隘、自卑、孤僻、害怕承担责任、不思进取、不敢拼搏的性格。这样的性格，在生活中最明显的表现就是随波逐流、人云亦云、没有主见。随之，与生俱来的胆量之灯就这样过早地熄灭了。

怎样挣脱“自我束缚”，从而迈进成功的门槛呢？先看下面一个故事：

1920 年，美国田纳西州的一个小镇上有个小姑娘出生了，她是一个私生女，妈妈给她取名叫肖菲丝。肖菲丝长大之后，慢慢懂事了，发现自己与其他孩子不一样——没有爸爸。很多人都对她投来歧视的目光，小伙伴们都不愿意跟她玩。对于这些，她不知道为什么，感到很迷茫。她虽然是无辜的，但世俗却是很残酷的。每个人都很清楚，在一个人的一生中，我们可以做出很多选择，但是任何人都不能选择自己的父母。而肖菲丝连自己的父亲是谁都不知道，只好跟妈妈一起生活。

上学后，她受到的歧视并未因此而减少，老师和同学还是以那种冰冷、鄙夷的眼光看她，认为她是一个没有父亲的孩子，没有教养的孩子，一个不好家庭的孽种。在别人的心理暗示下，她变得越来越懦弱，自我封闭，逃避现实，不愿意与人接触，变得越来越孤独……

在肖菲丝幼小的心灵中，最害怕的事情就是和妈妈一起到镇上的集市去——她总能感到有人在背后指指戳戳，窃窃私语："就是她，那个没有父亲、没有教养的孩子!"

肖菲丝 13 岁那年，镇上来了一个牧师，从此肖菲丝的一生便改变了。

肖菲丝听母亲说，这个牧师非常好。别的孩子一到礼拜天，便跟着自己的父母，与父母手牵手地走进教堂，她很羡慕，于是就无数次躲在教堂的远处，看着镇上的人兴高采烈地从教堂里出来，而她只能通过聆听教堂庄严神圣的钟声和偷看人们面部高兴的神情去想象教堂里的神奇。有一天，她鼓起了勇气，等别人都进入教堂以后，偷偷地溜了进去，躲在后排注意倾听。

牧师讲道：过去不等于未来。过去成功了，并不代表未来还会成功；过去失败了，也不代表未来就要失败。过去的成功或失败，只是代表过去，未来只能靠现在来决定。我们每个人都要面对现实，都应该重视现在。我们现在干什么、选择什么，就决定了我们的未来是什么！失败的人不要气馁，成功的人也不要骄傲。成功和失败都不是最终结果，只是人生过程的一个事件、一段经历。在我们这个世界上，没有永恒的成功人士，也没有永远失败的人。

肖菲丝是一个悟性很高、渴望情感的女孩，她被牧师的话深深地震动了，感到一股暖流在冲击着她冷漠、孤寂的心灵。但是她马上提醒自己："我必须马上离开，趁别人没有发现自己的时候，赶快走。"

有了第一次，就有了第二次、第三次……在她的心灵深处，这就是她最喜欢干的事情。但是每次她都是偷听，几句激动人心的话很难阻止别人的冷眼对她的袭击。虽然她懦弱、胆怯、自卑，认为自己没有资格走进教堂，但量的累积终于引起了质的变化：有一次，她听入迷了，忘记了时间，忘记了自卑和胆怯，直到教堂的钟声清脆地敲响，她才惊醒过来，可是已经来不及抢先"逃"走了。

先离开的人们堵住了她迅速逃出的去路，她只得低头尾随人群，慢慢朝门外移动……突然，一只手搭在她的肩上，她惊惶地顺着这只手臂望去，此人正是牧师。牧师温和地问："你是谁家的孩子？"

这是她十多年来，最最害怕听到的话！这句话就像一只通红的烙铁，直直地戳在肖菲丝流着血的幼小的心上。牧师的声音虽然不大，却具有很强的穿透力，人们停止了走动，几百双惊愕的眼睛一齐注视着肖菲丝，教堂里安静得连根针掉在地上都听得见。

肖菲丝被这突如其来的变故完全惊呆了，她不知所措，眼里噙着快要掉下来的泪水。这个牧师是一个大好人，他的脸上立即浮起慈祥的笑容说："噢——我知道了，你是上帝的孩子。"

他抚摸着肖菲丝的头，面对肖菲丝发表了一篇简短的演说："这里所有的人和你一样，都是上帝的孩子！过去不等于未来，不论你过去怎么不幸，这都不重要。重要的是你对未来必须充满希望。现在就做出决定，做你想做的人。孩子，人生最重要的不是你从哪里来，而是你要到哪里去。只要你对未来充满希望，你现在就会充满力量。不论你过去怎样，那都已经过去了。只要你调整心态、明确目标，乐观积极地去行动，那么成功就是你的。”

牧师话音刚落，教堂里顿时爆发出热烈的掌声。这些上帝的孩子没有说一句话，掌声就是理解，就是歉意，就是承认，就是欢迎！

整整13年了，压抑在肖菲丝心灵上的陈年冰封被“博爱”瞬间融化，她终于抑制不住内心的情感，眼泪夺眶而出。肖菲丝的心态从此发生了巨大的变化，这是她后来取得一次又一次成功的转折点。

40岁那年，她当选美国田纳西州州长；届满卸任之后，弃政从商，担任世界500家最大企业之一的公司总裁，成为全球赫赫有名的杰出人物。67岁时，她出版了自己的回忆录——《攀越巅峰》，在书的扉页上，她写下了这样一句话：过去不等于未来！

肖菲丝是一个成功摆脱自我束缚的最好例证，同时这也是牧师教给她运用正确思维的结果。这些使她成为一位杰出人士，一位在事业上取得成功的杰出人士。站在现在，我们不能够把握过去，我们只能够抓住现在，希望未来。“过去不等于未来”，就是要求我们用发展的眼光看待自己、看待成功和失败，这才是我们真正能够主宰自己未来命运的心态。

对一位成功的杰出人士来说，在他的字典里没有“不可能”这个词。因为他们相信任何困难都是可以被战胜的，只要你正确地运用思维方法，肯去拼搏与奋斗。在进取心面前，任何阻力都会知“难”而退。

杰出人士告诫世人：永远不要消极，也不要认定什么事情是不可能的。首先你要认为你能，然后去尝试、再尝试，最后你就会发现你确实能。

做事情要有如此的精神，才会成功，一个人在面临困难的时候，逃避不是办法，只有鼓起勇气予以克服才是最重要的。只有拥有这种正确的思维观念，才能够发挥出意想不到的智慧和潜力，从而获得良好的成果。

坚强的毅力是取得成功的必备要素。而坚强的毅力来源于对远大目标的执着、渴望和对自己克服困难、战胜逆境的信心，无论是走路还是做事，大部分人都喜欢走直线，不喜欢走曲线，但是现实环境有时要求我们遭受挫折，走一段弯路，这时候就要求我们鼓起勇气，不要气馁，不要自暴自弃，过程的曲折并不代表失败，只要我们锐意进取，以百折不挠的精神向前进，终有一天会摆脱逆境的困扰。

在事物发展的道路上，总有一些转折点，在面临这种突破之前，往往是最困难、最艰巨的时刻。这种时刻，我们一定要运用正确的思维来判断形势，确定方向，无论情况多么严峻，也绝不轻易放弃，因为只要坚持到底，渡过难关，就会出现“山重水复疑无路，柳暗花明又一村”的奇景。

情商是决定命运的能力

情商是一个人命运中的决定性因素，成功者往往并不是那些满腹经纶却不通世故的人，而是那些能调动自己情绪的高情商者。

资深学者丹尼尔·戈尔曼宣称：“婚姻、家庭关系，尤其是职业生涯，凡此大事的成功与否，均取决于情感商数的高低。”一项调查显示，在“贝尔实验室”，成功人物并不都是智商卓越的名牌大学生；相反，一些智商平平但情商高的研究员往往以丰硕的科研成果让世人瞩目。这是因为情商高的人更适于激烈的社会竞争。

雪莉是一家公司的经理。在改善公司产品分销的效率和效力方面，她一直很有建树。

一次，雪莉的上司要求她在董事会上表达自己的观点。雪莉充满激情和热忱地发表了自己的建议，她在任何时候都毫不掩饰地直接流露出自己的热情。但不幸的是，一些人否定了她的建议。因为她的建议听起来成本太高，而且与新的市场营销战略相冲突。雪莉被他们的否定打蒙了，她精神恍惚地走出会议室。当她回想自己所受的打击时，越想越生气，心中的怒火越来越大。她固执地认为，在这个公司里，任何一个拥有新想法的人都没有生存空间。她开始玩弄权术，试图对董事会中那些看上去不能“接受”她的观点的成员发起攻击。很快，她成为孤家寡人，被从重要的决策层逐出。不久，她的一个重要的晋升机会被拒绝，于是她非常恼怒地辞职了。她在这家公司的职业生涯以失败告终。

雪莉失败的原因就在于她让自己的情绪控制自己，而且她对别人的意见视而不见。面临问题时，她不是对事情进行冷静细致的检查，而是立刻得出情绪化的破坏性结论，这些结论使她产生极大的恼怒。她无法令自己跳出这些假设，使自己摆脱消极情绪的影响，结果，她只能在众叛亲离的境况中结束一切。本来，她完全可能通过富有成效的行动，更好地拓展自己热情洋溢的品质，来吸引他人，赢得他们的支持，而不是使自己陷入毫无益处的冲突中。

在针对某个人进行考评的时候，我们的考核标准总是过多地倾向于注重诸如学历、文凭、技术培训，以及口头表达能力等这样一些外在因素，然而在社会生活中，清晰缜密的思维和解决问题的能力是非常重要的，它们绝不逊于优秀的写作能力、语言表达能力和交流能力。

在一些特定领域里，拥有某些特殊智力的天赋，成为从事这些职业必不可少的条件。然而，为了长期的事业成功，拥有处理人际关系的能力和控制个人内心情绪的技能，同样是必不可少的条件。之所以这样说，原因是管理者必须具备与他人共事和管理他人的能力。

情商的核心内容可以用下面 4 点描述：知道别人的情绪、

知道自己的情绪、尊重别人的情绪、调控自己的情绪。

戈尔曼用了2年时间，对全球近500家企业、政府机构和非营利性组织进行分析，除了发现成功者往往具备极高的工作能力以外，卓越的表现亦与情绪智能有着密切的关系。

在一项以15家全球企业，如IBM、百事可乐及富豪汽车等数百名高层主管为对象的研究中发现，平凡领导人和顶尖领导人的差异，主要来自情绪智能的差异。卓越的领导者在一系列的情绪智能，如影响力、团队领导、政治意识、自信和成就动机上，均有较优越的表现。

情商对领导人而言特别重要，这是因为领导的精髓在于使他人更有效地做好工作。一个领导人的卓越之处，在很大程度上表现于他的情商。

心理学研究表明，在所有最终获得成功的人中，高智商的人所占的比例仅为10%左右。很多非常有天资的人，因为在达成联合、处理冲突、解决危机，以及保持平衡和实现均衡方面缺乏情感智力，而纷纷被淘汰出局，这是人们在现实生活中一种司空见惯的现象。尽管如此，我们不必气馁，让我们可以感到欣慰的是，除了一些例外情况，大多数人都能够通过学习来掌握情感智力方面的技能。

拥有良好的情感智力的人，能够同时运用个人内心技能和人际关系技能。人际关系智力是理解他人及与他人合作共事的能力。它建立在真诚地愿意了解他人兴趣的基础上。另一方面，个人内心智力是一种内在审视的能力。它培育自知之明，并把自知作为有效行动的基础。

事实上，人们不可能同时拥有这两种技能，而缺漏另一个也能实现成功。举例来说，认清自己的心理状态是认识他人情感变化的前提和关键；反之，实行自我克制是保持良好人际关系能力的基础。因此，情感智力指的是一个人认识自己以及他人的情感，并在这些情感信息的基础上做出卓有成效的决策的能力。

人类智能研究的最新成果表明，最精确、最惊人的成就评论标准是情商，情商高的人在人生各个领域都占尽优势，情商是决定一个人命运的能力。

许多人在校时成绩很好，毕业后却碌碌无为。他们经常抱怨与人难以相处，得不到上司的赏识，在生活中处处碰壁。有些人甚至由于心态失衡而走上歧途，究其原因也是情感智商低。

而一些在校时成绩平平，被认为智商一般甚至低能儿的学生，毕业后却如鱼得水，成为独占鳌头的领导者。他们能适应周围环境，抓住机遇。更重要的是，他们善于把握和调整自己的情绪，善于把握和适应领导者的愿望和要求，善于处理自己周围的人事关系，因而他们成功了。

第六章

处世必知的人际关系心理学

影响人际吸引的五种因素

人与人之间，有的一见如故，有的“鸡犬之声相闻，老死不相往来”，这中间有个吸引力程度强弱的问题。造成人际吸引力强弱不同的影响因素有以下几点。

1. 长相因素

真正的人生成功者首先要有良好的气质，这是一种视觉上的标志。这种气质并非仅仅是指男性英俊潇洒，女性美丽动人。你的外表不一定很好看，但是具有成功气质的人，无论做什么或者说什么，往往都能够吸引别人的注意。现实生活中，每个人都可能有这样的经验，在某次宴会上，某个人外貌尽管不是很出色，可是不管他站在哪里，身边总是吸引着一堆人围绕着他。

一位长相极其普通的中年男子，甚至他的长相不怎么讨人喜欢，身体偏胖且头顶微秃，但他从来不认为自己魅力欠佳；相反，他认为自己有一种独特的吸引力，能够给所有与他交往过的人留下深刻印象。或许正是因为他这样想，他好像真的有了一种特殊的亲和力和吸引力，他的言谈举止确实给每一个与他生意上有过往来的人留下了深刻的印象。大家都觉得他为人热情，有自信，是个生意场上值得信赖的人。他的成功就在于他首先有了一个成功的自我形象。本身外貌就长得出色的人，在人际交往上有着先天的优势，因为他们更能轻易地吸引别人的注意。人们总是倾向于喜欢长相有魅力的人，甚至连成人也更喜欢长相好看的儿童。

人们会自然觉得长相漂亮的人更可爱。但如果不懂得自我经营，不善于发现和利用自己的长处，那么出色的外表对周围的人也会失去吸引力。

公司里一个年轻的女同事，身材姣好，相貌出众，但是她自己从来没有意识到这一点。她总是表情木然地从人们的身边走过，从不主动和别人打招呼。最不可理解的是她还有严重的自卑感，认为自己有很多缺点，所以有时她都不敢正眼看人。这样时间一长，周围的人对她的外貌没有多大的反应了，而且也认为她有很多缺点。如果她有一个成功的自我形象的话，那么她有可能被周围的人视为一个极具魅力的佳人。

2. 能力因素

人们都比较喜欢聪明能干的人，觉得与能力强的人结交是一种幸福并感到自豪。为此，不少人愿意与有某种特殊才能的人结为朋友。能力强的人之所以能吸引别人，就在于他们能完成常人无法完成的事情，能忍受常人无法忍受的痛苦，在他们身上，有着人自身最宝贵的个性和不怕困难的拼搏精神。

1960 年，罗马夏季奥运会上，一位美国姑娘给人留下了深刻的印象，她一连夺得 100 米、200 米及 4×100 米接力赛 3

枚金牌，在世界田径史上永远留下了自己的名字。她就是威尔玛。但她的人格魅力比起她的体育成绩来，更能让人感动和惊叹。威尔玛幼年曾患肺炎，小儿麻痹又使得她的左腿变得弯曲，脚步内弯，她的幼年都是伴随着矫正器过日子的。艰难的6年努力使她终于拿掉了矫正器，随后她又通过自己的努力积极参加体育锻炼，到最后在奥运会上拿下了3枚金牌。对于她来说，这样的成功需要付出多少的鲜血和汗水呀！她身上超乎寻常的意志力使我们震撼，这种超强的能力折射出的迷人光辉不能不令人心向往之。

3. 相近因素

邻近性不仅指居住上的接近，还包括在一些学习和工作场合上的接近，如同桌同学、同办公室或同车间的同事等，较易结成亲密的人际关系。因为生活空间的邻近，便于了解。俗话说“远亲不如近邻”，在突然的灾难和巨大的困难来临时，最先在你身边帮助你的人，是你的邻居、同事。现代生活中，人们工作、学习等一切外在的因素与他人的交往面有扩大的趋势，自己真正的家庭生活却陷进了一个孤立的环境里。人们不再与自己的邻居谈天说地，更不会去邻居家串门聊天，很多人可能永远没有兴趣知道自己邻居的名字和职业。曾经有一幅漫画：两个邻居，紧锁着彼此的大门，却在网上热烈地聊天。他们都需要交流，但却因为各种各样的因素，不愿考虑自己周围的人，而宁愿相信互联网另一端的陌生人。

4. 相似因素

人们倾向于喜欢在某方面或多方面与自己相似的人。“物以类聚，人以群分”，这句话言简意赅地表明了人际吸引中相似性的作用。相似因素包括民族、年龄、学历、社会地位、职业、兴趣、观点、修养等方面。相似的人更容易找到交流的共同平台，无论去做什么事，或者谈论什么问题，他们总能找到共同点。两个人开始交往，往往都是从双方拥有的共同点开始的，正是因为这种共同点，双方就很自然地成了朋友。这种情况在日常生活中经常遇见。比如男性有自己的棋友、球友，甚至酒友、侃友等；而女性有自己购物时的搭档，也有一起做美容的朋友。不管是什么种类的朋友，他们都是对某件事或者某项活动有着相似观点的人。

5. 相补因素

在人际关系中，人们往往还重视虽与自己不同，但能与自己互补的朋友。因为彼此可以取长补短，各得其所。性格不同的人，在交往中可能彼此吸引，因为根据人有追求完美性的趋势，他们更加清楚地知道自己的短处和长处，所以在交往中，会注意与自己不同的人。相补因素在婚姻关系上更为突出，胆汁质的人很可能与抑郁质的人互补，性格恬静的人很可能与活泼好动的人互相吸引。性格互补型的婚姻更坚固，一个性格暴躁的丈夫与一个同样性格暴躁的妻子，他们的婚姻生活可想而知，必然天天吵吵闹闹。而一个性格暴躁的丈夫和一个性格温和的妻子在一起，吵闹几乎没有，因为温和的妻子总能在丈夫心情不好时温柔地相劝或者默默地躲开，这样的环境，丈夫生气也持续不了多长时间。

懂得人际中的20/80法则

20/80法则又名帕累托法则、二八定律、帕累托定律、最省力法则、不平衡原则。20/80法则认为：原因和结果、投入和产出、努力和报酬之间本来存在着无法解释的不平衡。一般来说，投入和努力可以分为两种不同的类型：多数，它们只能造成少许的影响；少数，它们造成主要的、重大的影响。

20/80法则最初是犹太人经商的智能经验，其含义简言之就是关键少数往往是决定全局成败的主要因素。20/80法则不仅在经济和商业中得到验证，而且在人际关系中同样也能产生令人信服的假设和震撼人心的结论。

例如：

世界上80%的财富为20%的人所控制；

公司当中20%的精英为公司获得了80%的产出，而公司却只给他们20%的投入；相反，那只能创造20%的80%却得到了80%的投入；

20%的人给了我们80%的价值；

人生80%的成功是因为掌握了20%的人际关系；

你生命中20%的朋友对你的生活产生了很重要的作用；

20% 的人与成功人为伍，而 80% 的人不愿改变环境；

还有：20% 的人是富人，而 80% 的人是穷人；20% 的人正面思考，而 80% 的人负面思考；20% 的人买时间，而 80% 的人卖时间；20% 的人找一个好项目，而 80% 的人找一份好工作；20% 的人支配别人，而 80% 的人受人支配；20% 的人做事业，而 80% 的人做事情；20% 的人重视经验，而 80% 的人重视学历；20% 的人有目标，而 80% 的人爱瞎想；20% 的人放眼长远，而 80% 的人在乎眼前；20% 的人喜欢想我要是如何如何我就有钱，而 80% 的人喜欢想我要是有钱我就如何如何；20% 的人爱投资，而 80% 的人爱购物；20% 的人在问题中找答案，而 80% 的人在答案中找问题；20% 的人把握机会，而 80% 的人错失机会；20% 的人计划未来，而 80% 的人早上才想今天做什么事情；20% 的人按成功的经验行事，而 80% 的人按自己的意愿行事；20% 的人明天的事今天做，而 80% 的人今天的事明天做；20% 的人受成功的人影响，而 80% 的人受失败的人影响；20% 的人相信以后会成功，而 80% 的人受以前的失败影响；20% 的人爱争气，而 80% 的人爱生气；20% 的人鼓励和赞美，而 80% 的人批评和谩骂；20% 的人会坚持，而 80% 的人容易放弃。

在我们的生活中，20% 的人给了我们 80% 的价值；我们人生 80% 的成功是因为掌握了 20% 的人际关系；你生命中 20% 的朋友对你的生活产生了很重要的作用；20% 的人与成功者为伍，而 80% 的人不愿改变环境——这 4 条对于我们人际关系的建立与维护是很有益的。

人们大多有这样的雄心壮志——希望自己受到所有人的喜

欢。为了实现这个宏愿，他们不断努力，希望和所有的人都能够建立联系，加深感情，但是最后却适得其反，不是所有的人都成为了他的朋友，而是所有的“朋友”都和他若即若离，结果得不到一个真正可以深入交心的朋友。

想与所有的人都关系不错，那就意味着他和所有的人都只能是泛泛之交。因为每个人用于交际的时间和精力是有限的，交很多朋友，平均花在某个人身上的心思自然就少了，势必会影响到朋友间的亲密程度。

另外，如果你处心积虑地想扩大自己的交际圈，难免让人认为你的“博爱”是爱慕虚荣和沽名钓誉，甚至还会怀疑其中有功利之心或其他企图。一旦这样的偏见形成，你就别指望能够和他人轻易地建立关系了。

我们总说要广交朋友，可是，交多少朋友才算“广”？交多少朋友是最好的？20/80 法则告诉你：

1. 让 80% 的人喜欢你，避开 20% 的不必交的、不可交的人

有些人没有必要深入交往。人来人往之中多的是远离你生活圈子的人，多的是人走茶凉的情况，多的是萍水相逢后的忘却……比如旅游途中停留客店的房主、上班路上的售票员，只要不让对方讨厌自己就行了，有必要聊聊侃侃，愉快地打发一段时间就够了。

还有的人是不可交的，所谓“择善而交”也正是这个意思。和那些思想堕落、行动腐化、不思上进的人混在一起只会把自己引上歧途，降低自己的人格，还是远离他们比较好。

除去这些少数的人，努力让 80% 的人喜欢你就行了，不

要苛求自己成为“万人迷”。

2. 和你生命中重要的 20% 的人建立深厚的感情和密切的联系

当然在 80% 的人中包括了对你非常重要的 20% 的人，你应该和他们建立亲密的关系和深厚的感情，增进和他们的感情，因为他们关乎你的成长和生活；多和学习、工作中的关键人物沟通，他们能帮助你顺利从业、愉快工作、寻求发展，这些关乎你一生的成就；和能深入你心灵的朋友多多联系，这关乎你的性情和性格……

总之，避开 20% 的不可能成为朋友的人，和 80% 的人友好而安然相处，掌握 20% 的关键人际，是获得好人缘的不二法门。

学会倾听，表达信任

美国著名心理学家马斯洛的需求层次理论告诉我们，尊重需求（包括受人尊重和自我尊重）是每个人的基本需求之一。在人际交往中，说话者总希望自己的话能引起对方的兴趣、注意和肯定。如果你把说话的机会尽可能地让给对方，并专注倾听，坦诚地同对方分享喜悦、分担痛苦、表达信任、交换信息，就会使对方对你产生亲近感和知遇感。

在我们的日常生活中，难免会遇到各种各样的事，有些事确实不是那么容易解决的。而在这个时候，忍耐就成了一种十分平常的形式，俗话说“忍一时风平浪静，退一步海阔天空”。所谓耐烦就是能够在自己已经对某一类事物、某一些话语、某一种情景感到非常不适，甚至心烦意乱的时候，仍然保持一种十分平和的态度，能够克制住自己心里不甚满意的情绪。

在任何情况下，厌烦都是引起人生烦恼的一个重要不良原因。而耐得住烦，耐得住寂寞，则正是针对这一现象而言的，它就是要在心情比较不顺、烦躁的时候，能够忍得下来，不发作、不生气，这样的精神品质无疑体现了一种人生的修养和境界。

实际上，所谓的耐烦在心理学上的应用非常广泛，它就是不少心理学书中讲的一种“倾听的艺术”。在一些心理咨询和心理治疗诊所里，不少高明的医生心里都非常清楚，有的心理病人来到诊所看病，并不一定要你给他开什么处方或拿什么药，而仅仅希望得到一种理解和同情，能够得到别人的倾听。

在很多情况下，你的朋友找到你，并不是一定需要你给予他多大的帮助。他并不指望那些，他只是希望你能够认真地倾听他的观点、想法。在这种时候，你不一定要过多地说什么，或者评论什么，只需耐心听他说完，不停地报之以“嗯”的似是而非的认可声，让他知道你在倾听他的言语，也就足够了。如果他觉得你的确是在仔细地聆听，那么在他把心里的话倒完了之后，他的情绪也就自然好起来了。

学会了倾听才能赢得尊重，倾听本身就是对对方的尊重，“敬人者，人恒敬之”，尊敬别人的人当然会赢得别人的尊重。诉说是人的一种天性，而倾听则是一种修养、一种美德。

善于倾听，表明自己谦虚，表明对谈话者的尊重，还表现出对朋友的真诚与友好，并能共同营造积极和谐的交际气氛。倾听者一个点头、一丝微笑、一个眼神，都会使对方感到朋友的信任和知音的难得，进而使谈话者对倾听者产生敬重之情。可以说，一个人是否善于倾听是他会不会交际的一个重要标志。从这个意义上讲，“会说的不如会听的”。

一个善于倾听的人，无疑是一个聪明的人，只有倾听大家的意见，才可以让大家对你敞开心扉，可以集思广益。古话说“兼听则明”，善于倾听别人的意见、议论、反映，从别人的话语中了解情况、吸收养分，从中受到启迪、开拓思路，有助于工作的进行和事业的成功。当有人请求松下幸之助用一句话来概括他的经营诀窍时，他说：“首先要细心倾听他人的意见。”从交谈角度讲，由于人们思维的速度比说话的速度快四五倍，听者可随时利用听话的间隙将说话人的观点与自己的看法比较，回味说话人的观点和意图，了解对方的兴趣所在，预想自己将要阐述的观点和理由，将一次交谈引向预定目标。交谈得当，成功离你还会遥远吗？

每天工作结束时，贝德加总喜欢回味当天的成功，可是那天晚上他却一直在思考当天上午的巨大失败。那是一个大客户，挑的是最好的车型，配备的是最昂贵的零件，本来生意都要成交了，可是在即将落笔签字的时候，仅 1 秒钟的工夫，对方说什么都不买了。

“我到底出了什么问题？”贝德加从那人走了之后一直在思考，到了晚上 11 点他终于忍不住，拿起电话。

“你好，今天你本来想要一辆车子，而且我们几乎就要成交了，而你却……”

“是的！现在是晚上 11 点！”对方很不耐烦。

“非常抱歉，可是我想现在做一个比今天上午更好的推销员！我想知道我究竟什么地方出了毛病！”贝德加诚恳地说。

“……你真的想知道吗？”对方似乎想了一段时间。

“是的，我非常想听，而且准备很专心地听！”

“可是，你为什么上午不专心地听我的话呢？”那个富翁接着说：“在决定签字前我一直在和你讲我那个将要上州内最好的大学的儿子，他很能干，学习成绩一直很好，总之我和你讲了很多。现在，我敢打赌你肯定不记得有这码事，因为你根本没在听。”

贝德加确实想不起对方曾经对自己讲过这些事情。那个时候他满脑子想的都是自己成功地抓住了这笔大买卖，还想着下班后可以到咖啡厅坐坐。原来，除了车子，他还需要有人听他赞美自己的儿子。

买车和让别人听自己儿子的事有什么联系吗？当然有联系了。倾听别人说话是尊重别人的表现。记住：多数时候你只需要倾听，很多人潜心修炼自己的说话艺术，却忽视了学习听人说话的能力，殊不知倾听是一门优雅的艺术。

回想一下几个你喜欢的人，我敢肯定，他们有个共同的特点，那就是——能认真倾听你说话。这门艺术不仅需要耳朵的耐心和精神的虚心，还要善用肢体和表情传达会心和反馈的信息。

不要在别人说话的时候打断，这种不礼貌的行为会扰乱对方的思路，或者抢了对方的风头，因此让他耿耿于怀。时刻记住：当别人说话时让你的耳朵保持顺畅。即便对方言语乏味，你也要耐着性子聆听。因为别人对你说的话不会感兴趣，除非他已经说完。

不管你的地位高于对方还是低于对方，都要特别注意自己听话时的诚意和态度，且必须以真诚、虚心的态度来对待，否则你永远不能了解到隐藏在这些言语后面的真实情况和别人内心的想法。面对下属的牢骚或抱怨，甚至是偏激的语言，上司如果态度冷漠，摆出高傲的姿态，爱理不理，他将失去了解隐藏在这些怨言背后情况的机会；当孩子兴致勃勃地讲述和表达自己观点的时候，如果父母心不在焉，根本就不当一回事，时间一长，孩子就会疏于和家长交流，甚至对自己的表达能力失去信心；老人的叮嘱经常被晚辈认为是啰唆的废话，两者的代沟会越来越深；夫妻如果不屑于听取对方的建议，终会因为不信任产生隔阂，重者甚至感情破裂。

总之，高傲和自以为是让人厌恶和排斥，只有虚心才能给人平等和尊重的感觉，而这正是获得好人缘的基础。

倾听别人谈话时，你不能只是被动地接受。除了用言语表达你的意见，你还需要用肢体语言反馈你的信息。如眼睛也能倾听，注视着对方，表示对他的话感兴趣。若东张西望，一副心不在焉的样子，或者一会儿看看手表，这就是在告诉别人你很无聊，不想再继续听下去了。只有说“左耳进，右耳出”，没有说“左眼进，右眼出”的。

坐直了，不要弯腰驼背，一副无精打采或者随意散漫、玩世不恭的样子只会引起别人的反感。身体稍微向前倾斜，表示更加专心。不要做修剪指甲或者打呵欠的动作。让你身体的每个部分都成为注意倾听的一部分。

让你的表情和对方的神情与内容一致。如果对方说出的是幽默笑话，而你却一脸愁苦，别人势必认为你在想自己的心事。如果对方讲到紧张处的时候，你能屏声静气，那无疑会让对方产生一种成就感。总之，用你所有的感官去倾听，这样才是真正充分利用了这门艺术，并发挥到了极致。

交际心理的“亲和动机”

在生活中，人们的交往很大原因是人们害怕孤独或深感力量单薄，因此，具有需要与他人在一起的渴求以及愿望。人们希望通过交际获得心理上的平衡。这在心理学上也被称为交际心理的“亲和动机”，这是人类普遍具有的最主要的动机。从心理学上来讲，亲和动机是指争取在社会基础上与人交往的驱动力。它是美国社会心理学家 S. 沙赫特于 1959 年假定，高度恐惧的个体比低度恐惧的个体有更强的亲和动机。

在开往学校的列车上，上官雪灵一个人静静地坐着，没有任何朋友相伴。不过上官雪灵并不孤独，因为短短的半个小时之后，她很快和坐在对面的男孩葛晓天聊上了。葛晓天同上官雪灵一样，是某高校的在读学生。交谈中，上官雪灵知道葛晓天也喜欢文学，还曾在某家杂志上发表过几篇文章。于是他们找到了共同话题，愉快而激烈地聊开了。而在 11 个小时之后，当上官雪灵要下车的时候，葛晓天帮她把行李拎下车，并与上官雪灵交换了电话号码。

心理学认为，在人们的交际中，亲和动机表现为多种多样的形态：求生动机、安全动机、对比动机、归属动机、自我实现动机等，而这些主要源于需要的多层次以及多结构性。上面例子中的上官雪灵在列车上与陌生人交往就体现了一种亲和动机，特别是当人在孤独的时候，需要通过这种交往寻求心理上的平衡，获取认同感。在这种动机的诱导下，上官雪灵摒弃了孤独，因而也获得了一种心灵上的安全感。

关于亲和动机的理论问题，心理学家对此进行了以下的阐述：

有心理学家这样认为，亲和动机是出自人的本能。古希腊著名哲学家亚里士多德认为，人是天生的“政治动物”。正是这种本能作用，才有了人与人的接近，也才能组成家庭以及各种社会组织。而英国心理学家麦独孤则把人的竞争求食、驱逐、求偶、好奇、合群等 18 种行为归结为人的本能，他指出其中人类的合群倾向促使人的亲和动机产生。

不过，也有学者认为亲和动机是生存的需要。古希腊哲学家柏拉图认为，人的相互亲近主要是为了生存。我们认为，求生虽不是亲和动机产生的唯一条件，但它却是重要条件之一，至少在人类的发展史上曾经有过，特别是在人类发展之初，人们相互亲近，以联合的形式进行斗争，以求得生存的条件和权利，这是一个不争的事实。即使生存问题解决以后，为了高层次的需要，产生亲和动机，与生存论也没有相悖之处。

同时，也有不少学者认为亲和动机是为了社会交换的需要。著名心理学家霍曼斯认为，人与人之间的相互酬赏，包括物质上的报酬和满足对方心理需要的语言以及非语言活动，这些是亲和动机产生的原因。在一些心理学家眼中，人与人之间的交际，需要付出，同时也需要索取，这就必须进行金钱、时间以及劳动等方面的交换，以此来维持相互的亲和关系，其实，这是较高层次的亲和动机。

不过需要指出的是，上述阐述只是着眼于宏观现象，实际上人类的亲和动机是一种十分重要同时也非常复杂的衍生动机，它涉及各个方面的需要。总之，人类社会总是不断前进与发展的。从社会学来讲，社会的发展取决于人类的团结和进步，社会的发展都需要人与人之间友好相处，宽容大度，互相影响又相互作用，需要充分发挥群体的智慧与力量。

宽宏大量的古人曾经说过："人之有德于我也，不可忘也，吾有德于人，不可不忘也。"别人对我们的帮助千万不可忘记，反之，我们对别人的帮助应该乐于忘记。

老是对别人的坏处念念不忘的人，实际上受伤害最深的是他自己的心灵，这种人轻则内心充满抱怨，郁郁寡欢，重则自我折磨，不惜疯狂报复，酿成大错。而那些"乐于忘记"的人不仅忘记了自己对别人的好，更难得的是他们忘记了别人对他们的不好，因此他们可以甩掉不必要的包袱，无牵无挂地轻松前进。

人难免有犯错误的时候，想想自己有了对不起别人行为的时候是多么希望对方能够原谅自己啊！多么希望能永远抹去这段不愉快的回忆啊！那为什么你不用如此宽厚的心去谅解别人的"恶"呢？

有一天，英国首相威尔逊在一个广场上举行公开演说。当时广场上聚集了数千人，突然从听众中扔来一个鸡蛋，正好打中他的脸，安全人员马上下去搜寻肇事者，结果发现扔鸡蛋的是一个小孩。威尔逊得知后，先是指示属下放走小孩，后来马上又叫住了小孩，并当众叫助手记录下小孩的名字、家里的电话与地址。

台下听众猜想威尔逊可能要处罚小孩子，于是有些骚动起来。这时威尔逊对大家说："我的人生哲学是要在对方的错误中，去发现我的责任。方才那位小朋友用鸡蛋打我，这种行为是很不礼貌的。虽然他的行为不对，但是身为一国首相，我有责任为国家储备人才。那位小朋友从下面那么远的地方，能够将鸡蛋扔得这么准，证明他可能是一个很好的人才，所以我要将他的名字记下来，以便让体育大臣注意栽培他，将来也许他能成为棒球选手，为国效力。"威尔逊的一席话，把听众都说乐了。

学会宽容，用一颗宽容的心去待人，会将所有的不愉快都化解掉。

不管怎么讲，从人际上看，亲和动机是一种重要的社会性动机。当它引发的亲和行为得以顺利进行时，个人就感到温暖、安全、有信心；当亲和行为受到挫折时，个人就感到无助、孤独、焦虑和恐惧。

据相关资料显示，中国当代大学生中 59% 主张广交朋友，具有一般交友意识的也占有较大比例，相比之下，仅只有 3.3% 的大学生对交不交朋友抱着无所谓的态度。

从上面的调查我们可以了解到，珍惜友谊、与人亲近是主流。然而他们的亲和动机各不相同，有以吃喝玩乐为目的，也有择其善者而从之，还有以"走后门"作为标准的，但总的趋势还是以人缘型为标准，重视个人品质修养的。在现实的人际交往中，如果我们能端正动机，真正把亲和动机作为寻求、建立以及发展友谊的动力，那么就可以集思广益，增强力量以及勇气，发挥亲和动机的积极作用。

设他人之身，处他人之地

美国管理学家玫琳·凯在谈论人事管理和人际交往时，曾经讲述过她自己的一次亲身经历。

有一次，她参加了一堂销售课程，讲课的是一位很有名气的销售经理。他讲得确实很好，既生动幽默又鼓舞人心。玫琳·凯非常渴望和那位经理握握手。她排了1个多小时的队，好不容易轮到她和经理面对面了，经理根本没用正眼看她，而是从她的肩膀望过去，看看队伍到底还有多长，甚至他似乎没有察觉自己正在和别人握手。1个多小时的守候等来的竟然是这种结果，玫琳·凯觉得自己受到了莫大的侮辱和伤害。

后来，玫琳·凯成立了自己的化妆品公司，她有很多次机会公开演讲，也有很多次机会站在长长的队伍面前，和上百位人士不停地握手。

玫琳·凯说："每当我感到疲倦的时候，我总会想起那次令我感到受伤的情形，然后我会马上打起精神，面带微笑直视握手者的眼睛，我还会说些比较亲近的话，哪怕是几句简短的闲谈，'我喜欢你的发型!'或者'你口红的颜色漂亮极了！’我尽可能让对方感受到我的热情和真诚。我一直在极力避免让其他的事情来打扰我。只要是和我握手的人，我都会把他当作那个时候我最重要的人。”

既然是“人际关系”，就不能只考虑自己的立场而忽视他人的立场和感受，否则你的所作所为就是“一厢情愿”。设身处地就是一种换位思考，是一种虚拟，换句话说：“如果我是他，处在他的位置，我会怎么看待这个问题？我又能怎么处理这件事情？”从字面上来看，“设身”就是假设自己是当事人，“处地”就是处在当事人的地位和情境。

很多时候，父母和孩子之间的代沟、夫妻情侣之间的分歧、上司和下属之间的矛盾都是因为没有设身处地为别人着想。因为不了解对方的立场、感受及想法，我们无法正确地理解和回应。然而遗憾的是，很少有人有这样的“好奇心”，人们更多的是站在自己的位置上“猜想”别人，认为别人应该怎样，或者站在“一般人”的立场上去界定别人“应该”有的想法和处理方式。

设身处地为他人着想可以：

多一分理解，少一点矛盾。如果只从自己的角度来考虑问题，世界上那些不如意的事情都可能成为随时引发矛盾的导火线。为什么老板要求这么严格？为什么妈妈那么啰唆？为什么他（她）会拒绝我的好心？如果你接下来的推理不再以自己为中心，而是把对方当作主语继续说下去，你会发现原来别人有难言之隐，有良苦用心，有为难之处，所有的问题都将迎刃而解。

多一分博大，少一腔怒气。也许你还会为一件事情耿耿于怀，甚至大动肝火，但是因为站在别人的角度上思考，你将更加善解人意，更加细心，更加宽容，更加和善，你也会因此而心平气和，一腔怒气消散了，而同时你的人格也得到了升华。

多一点信赖，少一点盲目。为别人着想给对方带来的是方便、利益和愉悦，别人自然会把你当作自己人来看待，无形之中就会信任你。而对你自己而言，先前那些盲目，你的不释然、困惑、恼怒……都会因此消除。

设身处地为他人着想，在无形中化解了矛盾，升华了自己的人格。聪明的你，相信应该不会排斥。放下自己的主观偏见来理解别人，理解之后才能有真正的沟通，沟通之后才能有好的人缘。

赢得他人信任有技巧

著名学者乔尔·布洛克博士曾经这样说过：“一个人如果很难相信别人，那他不大可能拥有健康的人际关系。”确实，在人际交往中，人与人的信任是相互的。如果你不相信别人，那么你就不可能赢得别人的信任，失去了别人的信任，人际关系自然就瓦解掉了。

那么，在人际交往中，我们怎么用最短的时间赢得别人的信任呢？

其实，在日常生活中，熟悉算命先生内幕的人都知道，算命师的“执业第一守则”就是“用最短的时间赢得对方的信任”。因此，为了达到赢得对方信任的目的，很多算命先生会通过装酷、营造气氛以及摆架子等方式，说一些寻常的感慨、模糊往事、日常生活中正常的现象……这样一点一点地试探求算者的心思，最终赢得你的信任，从而达到他的目的。

当一个人在求助算命先生的时候，内心往往处于一种渴望得到别人认同与理解的极不自信状态。在这样的心理状态下，只要对方说出一些稍微靠谱的话，那么你就会很容易认为对方真的说中了自己的心事。其实，算命先生非常清楚求助者的种种心态，在算命的过程中，他们会加以利用，并在测算过程中通过观察求助者的谈吐、眼神、行为等，轻而易举地点破求助者的心思。可见，赢得别人信任的关键是交流。

那么，在社交活动中，我们又应该怎么去赢得别人的信任呢？对此，心理学专家提出了以下几个建议。

1. 学会倾听而不要主观臆断。日常生活中，当听到一些敏感或不好的消息时，没有必要大惊失色。通常来讲，人们因为信任你，才会把心里话说给你听。因此，当你听到一些让你感到很突然的事情的时候，一定要控制自己的情绪，站在对方的角度考虑问题，这样才能赢得对方的信任。

2. 学会分享。向别人展现自己的内心世界是一种拉近双方距离的方法。不过人们常常忘记在工作中或团队里展现自己人性的一面也是同样重要的。你当然不必告诉别人你内心深处的大秘密，但在与别人交流的时候，你可以谈谈自己的周末计划、假期安排、一部刚看过的电影、家庭或者业余爱好等。

3. 懂得让别人知道你信任他们。美国纽约圣·罗斯学院的研究人员发现，当被研究者感觉受到信任时，这些人往往表现出一种更让人信任的行为方式。如果上下级之间、同事之间有很强的信任感，那么工作起来也会更有效率。在与人交往中，如果你表现出了足够的真诚，自然会赢得周围人的信任。

4. 学会感情投资。表达自己的尊重、自己的诚意，在很多时候不是通过金钱、物质来展现的。学会感情投资，往往会使对方在与自己感情渐渐深入的过程中对自己越来越信任，最终达到事半功倍的效果。

有一位热爱书法并曾经有一定书法基础的推销员到一个客户家推销产品。开门的正好是一位年近七旬的老者，老者慈眉善目，在推销员的一再要求下让他进了门。一进门，这位推销员就看见墙壁上挂了好几幅装裱精致的书法长幅，仔细一看，是篆书，在客厅的大书桌上还摆着笔墨纸砚。他顿时兴奋起来，便不再向老者推销他的产品，而同老者聊起书法来："大爷，您书法的造诣可真是深厚。这幅篆书写得遒劲有力，称得上'送脚，如游鱼得水；舞笔，如景山兴云'，妙！这里的悬针垂露之法的用笔，就具有多样的变化美。好！好极了！"老者一听，知道他是一个懂书法的人，就说："年轻人，看来你对书法有一定认识啊！会写吗?"年轻人谦虚地说："会一点儿，但写得不太好。"老者就让他在书桌前写几个字。他均匀运笔，一挥而就，一首七言绝句赫然纸上。老者一看，欣赏之情溢于言表："现在的年轻人能写出这样的字的已经不多了！但这里，折笔时不要太多花样，字才更流畅……"年轻人非常虚心地听着，不时地拊掌惊叹或者点头称是。

最后，他毕恭毕敬地对老者说："大爷，今天我真是受益匪浅，以后我能多来向您请教吗?"老者微笑着答应了。

在那之后，这位年轻人一有时间就到老者那里请教书法，他的态度还是像第一次见面时一样毕恭毕敬。就这样过了很长一段时间，他就成了老者的关门大弟子。而这位老者的真实身份其实是中国泰斗级的书法大师，年轻人也因此在数年后成为书法界最年轻的新星。

第七章

打造完美事业的职场心理学

工作心态决定着你的工作极限

据一份调查报告称，微软的员工说，忍受微软就是忍受每天工作 12 小时、每周工作 6 天的生活。这也让我们不得不怀疑工作的真正目的以及心理动向。到底是为快乐而工作还是为痛苦而工作？其实，职场中很多人最主要的“累”不是因为工作紧张与压力，而是“心”苦以及“心”的疲惫，这些主要是因为受到领导压制或是同事之间闹矛盾等各方面的因素的影响造成的。

对于职场上的人来说，工作好似一个无底洞。职场上几乎每天都会有未完成的任务，没有达标的销售额、潜在开发的客户以及等待完结的书稿等，这些势必需要职场中的人们用更多的时间以及精力来完成。面对烦琐的工作，你最需要的是保持良好心态，特别是用勤奋去实现你既定的目标。正所谓“勤能补拙”“天道酬勤”，不管是生活上还是职场上，任何意义上的成功都是要以人的勤奋执着的付出作为代价的。

在职场上，当你面对似乎永远没有止境的工作的时候，你不应该抱怨与气馁。完成工作完全取决于我们自己努力的程度以及想要达到的高度。总之一句话，你的工作极限取决于你自己。

在人们的工作中往往会遇到这样的情况，认为自己已经尽了最大的努力，可是依旧于事无补。其实，只要你肯去努力的话，职场上这些所谓的不可能的事也是可以转化为可能的。世界上没有绝对的可能与不可能的事情，这就像李宁的广告中所说的一样：一切皆有可能。也就是说，任何一种两极的事物都是可以互相转化的，可能可以转化为不可能，不可能也可以转化为可能。而这一切的转化在很大程度上取决于你的态度。

布莱恩曾是一家报社的职员。在他刚进入报社时负责推销广告业务，仅从广告费中抽取佣金。这就意味着如果广告业务推销不出去，他之前的努力都是白费。因而，布莱恩全身心地投入广告推销的工作中。他把客户的名字清晰地列在名单上，在出门工作前念上 10 遍，然后信心百倍地鼓励自己，“在本月之前，他们将向我购买广告版面”。

果然，靠着智慧和努力，布莱恩在第 1 个月与 20 个“不可能的”客户中的 3 个谈成了交易；接下来的几天，他又成交了 2 笔交易；到第 1 个月的月底，20 个客户中只剩下 1 个还没有买他的广告。然而布莱恩并不就此善罢甘休，他发誓要把这 1 个不可能的客户也争取过来。于是第 2 个月，布莱恩依然把那个不可能的客户列入自己的工作计划中去。他每天早晨敲开那个客户的房门都会听到很响亮的一声“不”。每次布莱恩都假装没听见，第 2 天继续拜访。谁知道这个月的最后 1 天，布莱恩再次敲开房门时听到的却是和以往不一样的缓和的语气，“你已经浪费了 1 个月的时间来请求我买你的广告，我想知道你为什么要这么做?”那个人很好奇地问。布莱恩说：“我并没有浪费时间啊，我在向你学习，我就是要让自己在绝境中求生存，而你就是我最好的老师。”那位商人点点头：“我也不得不说，你也成了我的老师，你已经教会了我坚持不懈地努力这一课。”布莱恩的勤奋和锲而不舍，终于使不可能变为可能，那个商人最终答应要买一个广告版面。

职场中，很多人总是感觉疲惫不堪，甚至有很多人对工作产生了抵触心理，更严重者甚至引发了“上班恐惧症”。职场上各种不快乐的心情互相影响，使很多人都感到“累”。其实，学会坚持，以饱满的热情投入工作，一定可以有意外的惊喜。

曾经有一位年轻人刚从学校毕业到一家石油公司任职。在工作的第一天，他的领导便要求他在限定时间内登上几十米高的钻井架，将一个包装精美的盒子送到顶层主管的手中。这名年轻人气喘吁吁地跑到顶层主管那里，让主管在盒子上签字。签完字后，主管吩咐年轻人以原路返回送到工头的手中。这名年轻人接到命令立即迅速跑下舷梯送给领导。领导草草一看依旧原封不动给他，让他交给顶层的主管。就这样往返了两次，直到第3次，当他把盒子给主管时，主管这回吩咐他把盒子打开。年轻人看到一罐咖啡与一罐奶精，这使得年轻人更加确定两人是在刁难自己，便再也按捺不住心中的怒火，等到主管吩咐他去泡杯咖啡时，年轻人用力将盒子摔在地上，这才觉得心中的愤怒稍有缓解。面对这位年轻人的怒火，主管失望地摇摇头说：“你无缘喝到自己泡的美味咖啡了。我们是海上作业，必须要练就员工的抗压能力，我们是对你进行承受极限的训练。原本你前面3次都通过了，可只在最后一步却放弃了，只差那么一点点，你可能不适合这份工作。”

确实，在现实的工作中我们难免会碰到这样或那样的困难以及问题，而怎么去解决这些问题关键还是在于你的工作态度，或许只要你再努力一点，再勤奋一点，再坚持一点，就会出色地完成任务。而相反地，只要你有着逃避或者放弃的心理，那么你肯定不能完成上级领导交给你的任务。其实，当你在职场中遇到难题或感到不快乐的时候，你可以转换一下心态，学会享受工作带来的成就感和乐趣。

工作宛如我们手中的一件艺术品，因为我们的精心雕制而精美珍贵。因此，我们要善于发现工作中的乐趣，把工作当成一项有趣的事情来完成。如果工作是我们笔下的一幅写意画，那么它就会因为我们的添姿添彩而丰富生动，因为我们的辛勤劳作而富裕充实；如果工作是我们主演的一段人生剧，那么它也会因为我们每一个人的倾心演绎而精彩绝伦……

玛丽·简的丈夫因病去世，留下一大笔拖欠的医药费和两个年幼的孩子，更糟糕的是，玛丽·简接手了一个“争权夺利、反应迟钝、贫乏消极”的团队。对于工作环境，玛丽·简在日记中记录道：“工作中发生的任何情况都不能使他们兴奋起来。我下属有30名员工，其中多数工作不饱和、做事缓慢、效率很低。他们中的很多人很多年一直重复着节奏缓慢的工作，简直是无聊至极。当我在小工作间走动时，空气中所有的氧气都好像被抽走了，令人几乎不能呼吸……”

一次午餐时间，为了逃避“三楼”那令人窒息的气氛，玛丽·简离开了办公大楼。闲逛中，她走进了派克街鱼市，这里充溢着的快乐情绪和充满活力的气氛深深地打动了她。一个叫罗尼尔的鱼贩子向她讲述了这里的过去和现在，她这才了解到派克街鱼市也曾经和其他市场一样，重复着简单的工作和百无聊赖的时光，不过一次讨论改变了这一切，并使得派克街成为世界著名的旅游胜地。

此后，在反复接触中，玛丽·简从鱼市学到了以下几条重要经验。其中一条就是选择自己的态度，其内容是这样的：即使你无法选择工作本身，你可以选择采用什么方式工作，用玩的心情对待你的工作，快乐每一天；把你的注意力集中在快乐的工作上，就会产生一连串积极的情感交流。带着阳光、带着幽默、带着愉快的心情，对待每一个人。

在职场生活中，视工作为乐趣的办法，不仅能够改变我们面对工作的态度，而且也能激发我们对生命的热忱，更能成为事业发展的动力源泉。

其实，当你面对职场中不良情绪的时候，你可以运用比较法来缓解一下心里的那些不快乐因素。相比于过去的工作状况，现在已经是得到非常大的改善了。现在人们工作的时候，吹着空调、坐在明亮的办公室办公。相比之下，你应该感到满足才对。同时，你也可以与那些失业者对比一下，他们或许为了一份工作已经苦苦寻觅了许久，而相比之下你却拥有一份稳定的工作，因此，你应该感到快乐才对。

那么，怎样才能保持职场快乐的心态呢？对此，专家也提出了以下几点建议：

1. 调整心态，积极面对

在职场上你要调整心态，积极面对工作中的一些问题。

对于工作你应该从修正对待工作的态度开始。任何人都有可能做自己不喜欢的工作，虽然你无法选择工作本身，但你可以选择自己的工作方式；任何一份工作，许多人做久了都会感到单调乏味，不过你可以选择自己的态度，要有积极心态，专注以及热情是工作快乐的源泉。

2. 团结同事，全力以赴

在工作的过程中，用各种各样的方法团结同事，使他们融入其中，同时要善于发挥自己的特长，与大家一起分享快乐。快乐的人是有能力的人，是经常换位思考的人，永远思考别人的利益点，在想获得之前，先想去付出。工作的最大乐趣是什么？是找到一个值得为之付出的团队，并且做到全力以赴。

当所有人都全身心地投入到工作中时，人们就不会分神，而是采取行动，时刻关注别人的需要以及感受，那么也就能一步一步地达成快乐的目标。

常言道：天才是九成的汗水和一成的灵感。职场中，你的工作极限取决于你自己。机会往往青睐那些时刻在奋斗的人。因此，在职场上当你遇到难题的时候，一定要燃起你的激情与信心，时刻保持最好的心理状态，这样才能发挥你职场的潜能，进而达到你工作的极限，促使你更好地完成任务。点燃你心中的热情，在工作中保持激情四射的状态。这样不仅能增加你在老板眼中的价值，让老板觉得你物超所值，而且也能够彰显你自己的重要性。

摒除抱怨的消极心理

曾经有过一份有趣的调查，一个国际研究组织在 25 个经济发达国家进行了一项“你是否每天都感到快乐”的调查，结果显示 60% 以上的人的回答是否定的，其中 20% 的人认为自己“每天都不快乐”，60% 的人常常生活在抱怨中。

“什么破工作啊！”“这老板怎么这样啊？”“工资太少了吧！”在现实的职场中，我们经常会听到各种各样的抱怨。其实，人们在工作上不可能事事顺心，偶尔的抱怨不是坏事，现实中谁都需要发泄一下，不过，关键是不能让抱怨成为一种习惯。一旦有了这种坏习惯，那么你的生活就成了牢笼一般，总感觉处处不顺，处处不满。从职业的发展来看，抱怨是职场通病，也是事业成功的大敌。在职场上，抱怨是一种可怕的传染病，经常抱怨的人会变得消极，不思进取。这样消极的情绪不利于自己在职场上的发展。

欧阳容名是 2007 届环境艺术设计专业毕业的学生，毕业的时候，因自己优秀的毕业设计作品，被老师推荐到一家景观设计公司工作。刚进公司的欧阳容名被分配的工作是辅助老员工一起完成前期投标方案设计。可能老员工怕后来者居上，所以不愿意让欧阳容名涉及过多工作方面的核心内容。欧阳容名于是希望老板也能让他单独负责一个方案，但是老板并没有同意。此后，欧阳容名对公司产生了诸多抱怨，觉得老员工对他怀有敌意，老板又不信任他的能力，自己觉得非常委屈，在 QQ 上也改了签名——公司认为我一无是处，我辈岂是蓬蒿人？此后，欧阳容名认为反正在这家公司也得不到自己想要的，索性对工作敷衍了事。新年刚过，老板就借口经济不景气，把欧阳容名给裁掉了，临走时还送了欧阳容名几句话："过多的抱怨是没有任何作用的，最重要的是要改变你自己，永远保持自己的斗志，认真踏实地努力。"

在职场上，面对工作中的一些问题，人们的第一反应就是抱怨，抱怨工作任务太繁重，抱怨时间不足，抱怨无法完成任务，等等。其实，抱怨不仅是一种推卸责任的行为，更是一种对自己不信任的表现。面对工作，当你抱怨的时候，你是否认为自己已经尽力？你努力去完成了吗？如果你没有尽到最大努力的话，你就不要去抱怨。

如果你对工作存在抱怨的心理，不满就会表现在工作中，对工作不认真、不负责，失去工作动力，这样往往会导致工作做不好、薪水涨不上去的结果。可以说，如果你们没有付出努力，仅是一味地抱怨，你就会越是抱怨工作越是完成不了。

通常来讲，抱怨会使我们失去工作动力，会使我们的心态变得消极，以一种不负责任的心态来应付工作，结果业绩出不来，还影响团队的士气和整体效率。因为抱怨，很多员工抵不住更多机会的诱惑，或者不能承受企业暂时的困境，选择消极对抗或者跳槽。如果问一下身边的老总们，在他的团队中最不喜欢听到的是什么，他很可能会爽快地回答你，那就是“抱怨”。一旦有人可以替代你，或是不再需要你了，那么他们很快就会把你裁掉。

确实，职场对于很多人来说就是压力，面对职场上种种不公的时候，适度的抱怨是发泄消极情绪、缓解内心压力、维持心理健康的一种手段。不过，人们不能把这样的情绪带到工作中去，否则将会给自己的生活带来严重影响。

因此，在职场上，如果你接到被公认为困难的工作任务，或者是对于所分配的工作任务不满意，或者是对工作有一些其他的想法，请不要给自己找可以不完成、可以不认真做的理由，也不要在面对问题时掺杂任何消极的态度，你应该以饱满的精神状态去迎接它、解决它，那时你就会发现所谓的难题其实并不那么难。

大卫是一家投资公司的中层管理人员，工作 10 年，在现在这家公司就待了 8 年。从最初的小职员到现在的部门主管，大卫花了 4 年的时间。但一晃 4 年又过去了，位置再也没有变动的迹象。看着身边的同龄人事业上春风得意，而自己在这个公司工作琐事多，薪水不高，福利也不好，又没有发展空间，不由得心生抱怨，天天在家人面前唠叨，搞得自己和家人都很烦。

不管是在职场上还是在生活中，抱怨都有负面的影响。如果你怀着抱怨的心态去工作，这样不仅影响你的工作质量，而且会影响你在职场的发展，更会影响你身边的人。这样也会使你的职场环境与生活环境更加恶劣。据相关人士分析，抱怨与以下几点不良影响有关。

首先，过多的抱怨会留给别人非常消极负面的印象，让人认为你是一个没有修养的人，影响你在上级、同事甚至客户心目中的印象，进而导致人际关系出现问题，职业生涯受到影响。

其次，过多的抱怨使简单的问题复杂化。比如，当我们在工作中受到不公正对待时，如果能通过恰当的方式提出来，就有可能得到合情合理的解决；但如果我们不分场合、不顾影响地大发牢骚，那么就会使本来有理的事变成无理取闹，进而使你失去别人的同情。

同时，过多的抱怨反映出一个人心胸狭窄，喜欢计较小事，度量有限。通常来讲，喜欢占小便宜的人抱怨特别多，因为这一类人常常会感到自己吃亏。分配任务他们希望比别人少一些，有好处希望比别人多一些。而如果出现一些小的不公，或者他们的利益无法实现，这一类人就会满腹牢骚。

再次，过多的抱怨反映出一个人的怯弱无能。一般来讲，凡是具有很强工作能力的人，无论是在工作中遇到困难，还是自己陷入不利境地，这一类人都能冷静地考虑对策，依靠自己的努力征服困难，扭转被动局面。而懦弱无能的人碰到这种局面，就会束手无策。他们既然不能依靠自己的力量与智慧去战胜困难，于是就免不了怨天尤人、牢骚满腹。

职场中抱怨的心态，不仅会对自己的职场生活乃至自己的意志产生影响，甚至会对自己身体的各项机能产生负面影响。医学研究发现，抱怨还会加剧不良情绪，给人们的身心健康带来消极影响。高血压病、溃疡、癌症、冠心病、神经官能症、甲亢、偏头痛、糖尿病都与心理因素有关，而其中最主要的心理因素就是不良情绪状态。

从心理学上讲，抱怨是一种情绪发泄，有不满情绪过于压抑不行，需要发泄出来。但是抱怨只能使不满情绪得到暂时宣泄，不能解决实际问题。怎样才能化解这种职场不良情绪呢？对此，专家提出了以下几点建议。

第一，我们要纠正自己某些错误的信念和观点。任何人都不能对他人、工作有过分的要求，别人不可能按照我们的意志、喜好来行事，我们不可能主宰环境和他人。所以遇到困难和挫折是生活中的必然，我们应当善于调控自己的情感、态度。

第二，要学会自我调节。即通过自我劝慰、自我调适、自我开导使自己冷静下来，把问题想通进而想透，这是克服抱怨心理的最好办法。在现实中之所以会产生抱怨，固然与身边的不公正现象有关，同时也与一个人的思想修养与认知方式有关。想一想自己对问题的看法是否正确，是否只从个人意愿出发；想一想自己考虑问题是否全面，有没有偏激；想一想还有没有比抱怨更能解决问题的办法。

第三，保持一颗平常心。面对现实生活中暂时不完善的地方，不要牢骚满腹，不要怨天尤人，不要居高临下地评判、抨击以及指责别人，而应当看到自己的责任，拿出实干的精神与勇气来。

第四，培养良好的心理素质。每个人都需要对自己的人生负责，人生中的成功、快乐只可能自己去追寻。自身的个性及心理弱点可能是导致烦恼的内在因素，只有改善自己才能改善情绪。要逐步克服不良心理状态，培养自立、自尊、自强、自爱、自主等良好心理品质。

第五，寻找自己的原因。对于人际关系紧张、工作疲劳、工作压力大、得不到信任等原因引起的抱怨，可先从自己身上寻找原因。看看是不是工作方法上出了问题，沟通能力是不是很好，有没有缓解压力的方法，以及自己的人缘如何等。

保持职场的自信力

西方有句名言："一个人的思想决定他的为人，决定了他的成就。"思想有多大，能力就有多大，成就就有多大。而这种思想的形成也源于自己对自己的肯定，这也就是我们常说的"自信"。自信，是对自己充满信心，遇事不乱，处事不惊，有一种从容平静的心境。自信力是伴随自信同时出现的，常常是一些可贵的情感和品质。对于每个人来说，这些情感和品质如同自信一样是同等重要的。比如对生活的热爱、对高尚的渴望、对社会的无私奉献以及对真理无止无休的追求。

在我们的生活中，自信是一种力量，当这种力量产生的时候，将对你的生活乃至你的事业产生深远影响。它将使你藐视一切困难，最终使你到达成功的彼岸。而在生活中缺少信心的人做起事来则总是畏首畏尾，最后往往因为自己的动力不足而放弃事业的奋斗。

世界著名科学家居里夫人曾经这样说过："我们必须有信心，尤其要有自信力。我们必须相信我们的天赋是用来做某种事情的，无论代价多大，这种事情必须做到。"从成功的角度来讲，自信力是成功最大的源泉，它可以创造奇迹，它可以使一个人的才干取之不尽、用之不竭，可以说自信力是人身上潜在的最重要的一股力量。

任何成功都需要一定的付出，可以说世界上没有一个人命中注定就与成功无缘。其实，人们只要对自己充满信心，同时善于发掘自身潜能，那么我们自身的一切资源与特质就无不具有成功的能力。在职场上，一个充满自信的员工总是激情满满，他会把自己的全部热情转化为工作的动力，并在职场中创造奇迹，使自己更加成功。而相反，一个缺乏自信的人，往往在工作中畏首畏尾、丢三落四，最后使自己的职场生活陷入黑暗之中。因此，自信力是职场成功的一股神奇动力。有了自信力，无论你处于何种艰难的境地，一切都可以从头再来，也总会有创造奇迹的可能。

某商场要开设自己的千兆网站，建立千兆网，这需要克服大量技术上的困难，而具体到网站的设置，又牵涉到大量的商业问题。老板很发愁，到哪儿找既懂计算机又懂销售的人来负责呢？问了好几个人，但是他们深知责任重大，自己又有许多不懂的业务，于是都推辞了。商场的这项计划一直拖延下来。

卡特是计算机专业毕业的，一直在商场从事计算机联网的工作，但对商业销售却不懂。他看到老板一筹莫展的样子，便自告奋勇："我来试试吧。"老板很高兴地同意了。

卡特接手之后，确实遇到了很多困难，但是他丝毫不退缩，积极学习商业销售知识，一遇到问题就虚心向专业人员请教，同时着手解决技术问题。项目推进得虽然不快，但却在稳步前进。老板于是放手给他更大的权力和更多的帮助。

最后，在卡特的积极努力下，网站终于建成，卡特也升为了该网站的主管。

可见，自信力在职场中的作用不可忽视。因此，在职场生活中人们要善于激发自己的职场信心，发挥自己的职场自信力，为自己的职场生活创造奇迹。

乔治被公司炒了鱿鱼，心情极度烦躁、抑郁，一天到晚待在家里不出门，吃不香、睡不着。妻子琼斯怎么劝都不起作用，情况一天比一天糟糕。实在没办法，琼斯逼迫乔治出去找事做。

乔治很是烦躁地出去了，到一家公司去应聘，被拒绝了，理由是乔治精神状态很差，思路不清晰。乔治怎么也想不通，自己在原公司可是个特别上进的人，思路清晰也是原单位同事对他的公认评价啊。

乔治百思不得其解，沮丧地回了家。满腹疑惑的乔治和妻子商量：由妻子扮演公司面试人员，乔治前来面试。结果，琼斯以 3 条理由拒绝了他，令人惊讶的是，其中两条和白天去面试的公司拒绝他的理由相同。

乔治恍然大悟：虽然自己口头上承认失败的存在，但是内心却并没有接受它们，由此使自己的精神状态恶化，思维一片混沌。他现在最需要的就是激励自己，提升信心。

琼斯向公司请了 1 个月的假，两人去夏威夷旅游。度假期间，乔治在琼斯的引导下回忆起了自己成长过程中的每一段美好时光，每一次成功经历，乔治由此找回了斗志，并且总结过去的成败得失，明确了自己的优势所在，懂得了如何扬长避短。

回到家中，两人又模拟了一次面试，结果，琼斯“接受”了乔治。第二天，乔治又去一家公司应聘，这次，他成功了！

乔治之所以在一开始时遭受失败，就在于他拒绝面对现实，当然自我激励也就无从谈起了。日本企业家松下幸之助说：“跌倒了就要站起来，而且更要往前走。跌倒了站起来只是半个人，站起来后再往前走才是完整的一个人。”乔治最终意识到了这个问题，对症下药，从哪里跌倒再从哪里爬起来、往前走。

自信是成功的源泉，它可以创造奇迹。因此，人们即使是在走投无路的时候也不能缺乏自信心，因为失去了自信你就失去了一切。不过，需要指出的是，当前职场存在各种不良的情绪，这些都对人们自信力的提升产生了一定的影响。

1. 拒绝情绪

在职场中经常会出现这样的情况，平时自己做得最多、成绩最好，然而升迁的却总是别人，这些遭遇难免让人带着拒绝的情绪工作，他们也渐渐成为“橡皮”白领，进而对于职场失去信心。另外，对于那些初入职场的白领来说，他们常怀着雄心壮志，可想法却往往不切实际，当在职场的压力过大或者遇挫后，便开始自我保护。对于大多数职场中人来说，多年的打拼会带来不错的成绩，但也可能因此故步自封。

2. 拒绝适应环境变化

对上对下缺乏沟通，牢牢抓住自己的老观念不放。有些人觉得自己是单位的老员工了，平时很少和新同事沟通，觉得他们不了解单位的情况，同时也觉得新来的上司是个外行。

那么，面对职场中各种影响自信力的心理，我们又应该怎么去应对，进而加强自己的职场自信心呢？对此，专家提出了以下几点建议。

1. 接受情绪波动，积极应对调节

工作中，我们必须承认情绪有波动是正常现象，谁都有“累”的时候，原谅自己，接受自己的情绪，然后适当地做一些应对措施。例如多做运动，多与朋友或家人沟通交流，安排时间出游散心。同时，个人在工作中保持积极乐观的心境，不断学习，保持激情与活力。

当你情绪低落时，可以回想自己取得优异成绩、得到肯定时或内心充满喜悦时的状态，相信自己现在一样可以成功，给予自己积极的心理暗示。

2. 积极学习，一直保持优秀而自信的自己

自信心并不是一生下来就有的，而是要不断地提升和培养的。而在这个过程中，学习起到了非常大的作用。也就是说，我们的自信心是在学习中形成的。对于任何事物的了解，我们刚开始肯定是处于一知半解甚至一点都不了解的状态。我们通过学习逐步去了解它们，掌握它们，并形成对它们彻底把握的自信心。

的确，成功源于自信，而自信则产生于长期不断的学习积累。在工作和生活中，我们只有通过长时间的学习，不间断地提升自己的能力，才能使自己在面对事情的时候，更加

充满自信，而不至于手忙脚乱。这也是我们成功解决问题的前提条件。在职场上也是一样的，工作上的自信源自我们平时对于工作的学习和了解。

纽约的一家公司被一家法国公司合并了，在兼并合同签订当天，公司新总裁就宣布："我们不会随意裁员，但如果你的法语太差，导致无法和其他员工交流，那么，我们不得不请你离开。这个周末我们将进行一次法语考试，只有考试及格的人才能继续在这里工作。"散会后，几乎所有人都拥向了图书馆，他们这时才意识到要赶快补习法语了。只有一位员工像平常一样直接回家了。同事们都认为他已经准备放弃这份工作了。但令所有人都意想不到的是，当考试结果出来后，这个在大家眼中肯定没有希望的人却考了最高分。他的不慌不忙来自于他对自己的自信，而他的自信是源自哪里呢？

原来，这位员工在大学刚毕业来到这家公司之后，就已经认识到自己身上有许多不足，从那时起，他就有意识地开始了自身能力的提升工作。虽然工作很忙，但他坚持每天提高自己。作为销售部的一名普通员工，他看到公司的法国客户很多，而自己却不会法语，与客户的往来邮件和合同文本都要公司的翻译帮忙，有时翻译不在或兼顾不上的时候，自己的工作就要被迫停下来，于是，他早早地就开始自学法语了。同时，为了在和客户沟通时能把公司产品的技术特点介绍得更详细，他还向技术部和产品开发部的同事们学习相关的技术知识。

在工作中，法国经理看到了他的能力，把他提升为部门主管。任何的成功都是需要时间的，而这个过程就是我们在工作岗位上不停积累的过程。这名员工是如何解决学习与工作之间的矛盾的呢？就像他自己所说的那样："只要每天记住10个法语单词，1年下来我就会3000多个单词了。同样，我只要每天学会1个技术方面的小问题，用不了多长时间，我就能掌握大部分的技术了。"

在现实中，我们要不断地培养自己的自信力，不管你是在生活上还是在工作岗位上，自信力是我们取得事业成功的最大源泉。强大的自信心是事业成功的一半。万丈高楼从地基开始，一个人要想有成就，想在企业中发挥更重要的作用，做一个优秀的领导者或一个统帅级的人物，如果你不相信自己，就算你有再大的能力，事业的大厦也一样建造不起来。

所以我们说，自信心是一个人成功的基石。你要先具备自信，然后才可以加进更多的能力，才可以对你的人生有很大的帮助。

摒弃压力，消除上班恐惧症

工作是一种展现自己能力的最好方式，然而对于另外一些人来讲，工作却意味着焦虑与苦闷，很多人甚至一提到工作就头痛，感到心中的压力瞬间增大了许多。其实这就是“上班恐惧症”。

近年来，随着竞争等各方面因素的变化，很多职场中人的压力不断加大，特别是白领阶层，更成为职场压力的受害者。如果在百度输入“白领减压”4个字，共得到3.6万余项与之相关的结果。可见，当前，压力已经成为职场白领不可回避的一个话题。据相关调查发现，中国每年有近45%的人觉得压力较大，有21%的人觉得很大，而有3%的人觉得压力极大，他们对每天的上班抱有一种非常厌烦、恐惧的心态，精神濒临崩溃。

从心理学角度说，压力是指外界环境作用于人们的身体时所产生的一种反应。它包含了两个要素：一个是造成压力的事件或对事件的认知判断；另一个是对事件的情绪、生理以及行为的反应。如果从生理学的角度来讲，压力是一个人由于人类的生存本能而引发的系列反应，诸如外界的压力事件引发中枢神经系统的兴奋，然后通过神经质的传递，进而导致全身功能的激发，身体上出现肌肉、心率、呼吸、胃等器官的反应。

通常来讲，上班恐惧症概括表现为两点：一是上班前不想上班，焦虑；二是上班第一天烦躁，萎靡不振。例如春节长假让上班族的社会活动范围发生很大变化，人们外出旅游、走亲访友、回老家探亲、聚会应酬等，与平日里紧张的工作形成很大反差。当回来上班时，要面对新一年的工作，压力更大，事情更多，往往就会引发“上班恐惧症”。

小徐是北京某大学软件专业的毕业生，毕业后小徐在北京中关村的一家高科技企业找到了一份薪酬很不错的工作。工作第一年，小徐自己感觉很满意，家人也非常高兴。可是到了第二年，小徐回老家广东休假，随着报到时间日渐临近，小徐却变得焦虑起来，不想去上班。他每天翻着日历，查看距离上班还有多少时间。有时，小徐甚至用笔计算离上班的时间还有多少小时，不过上班的时间越是靠近，他也就越紧张。为了上班的事情他心情沮丧，有时甚至睡不好觉、吃不好饭，好像魂不守舍的样子。转眼就要去上班了，他的心里有种说不出的恐惧，他就是不喜欢上班，倒是希望能够在家多待几天，只要不去上班心情就会很轻松。

小徐平时性格内向，在生活中与人交往不多，在工作地点与人交往就更少。他感觉工作索然无味。以前，小徐每次去上班时，紧张到每天早晨起来就胃疼、吃不下饭、呕吐，这让他很痛苦，而且回到家里，头脑中总是会想起一天所做的事情。

有的时候，即便上班的时候，小徐也会感觉到心情很紧张，经常做事畏首畏尾，生怕做错事说错话。同时，他对这项工作也实在不是很感兴趣。如果哪天老板出差或者开会不在，他就立刻活跃起来。

上述案例中的小徐是患上了上班恐惧症。职场一直给人一种充满竞争的印象，工作的压力、上司的关注、同事的排挤等成为很多人恐惧职场的原因。特别是对于一些在职场中人际关系处理得不好或者工作能力不强的人来讲，更是谈工作色变。还有一些性格比较内向，存在着一定心理缺陷的人，也会出现这样的情况。不过，随着职场压力的不断增大，这种上班恐惧症也会越来越常见。那么，这些不断增大的压力是什么原因导致的呢？

其实，在现实中，人们的压力无处不在，有的压力大，有的压力小，这些压力产生的源头也是不一样的。那么，职场上的压力主要来自哪里呢？据分析发现，职场白领的压力主要来自以下几个方面。

首先，工作负荷因素。当你的家庭需要你的付出，孩子、爱人都牵扯着你的时候，你却因为工作中的各种原因而无法脱身；长年累月的工作，超负荷的运转以及新知识的飞速更新，要求职场中人要不断应对、补充以及尽快掌握；特别是当你不幸遇到一个不通情达理的上司，他要求你在很短时间内完成很多任务的时候；当你的公司又进来一批年轻人，和你竞争某项任命的时候，这都会加剧你的心理压力。

其次，人际关系因素。在现实中的职场上，每个单位都存在复杂的人际关系。如同事之间互不信赖，领导方式不当引起工作氛围不和睦，下属对上级授权的误解，等等。身在其中，只觉得心理疲劳，特别是在应对这些关系时，不得已的行为与自己的价值系统发生矛盾时，常常给你带来很大压力。

再次，职位升迁因素。在职场中，当你业绩突出，被破格连升两级的时候，心理的压力紧跟着成倍递增。因为职业发展太顺利，同时你可能会面临方方面面的问题，甚至超出了自己掌控的能力，怀疑自己是否能真正胜任，这些不信任的心理，可能对你产生很大的压力。相反，如果眼前只有一个升迁名额，偏偏再次旁落，你感到被人忽视的压抑，对工作目标充满迷惘，进而使你有了进一步的压力。

最后，环境压力。许多大学生向往在抬眼就能看到蓝天白云的高级写字楼里工作。殊不知，长期在这样的环境下工作的白领们却渴望逃离。国外研究证实，办公楼环境是一种无形的环境压力，封闭的场所会使人精神紧张，容易疲倦。这些无形的压力也会造成紧张和不适。

从心理学上来讲，一个人在高度紧张、高度压力的工作状态下，作为应急，人的大脑中枢也会建立一套高度紧张的思维以及运作模式，这样使得人们能够适应快节奏的生活和工作。而如果这种模式停顿下来，那么原来那种突然紧张的心理模式就会突然失去对象，再加上生理以及心理的惯性作用，会使人们面对宽松的环境而不适应，当平静下来之后，再去适应高度紧张的工作，就很难了。所以，小徐在家休息一段时间后，让他再去上班，就会感到高度紧张而且害怕上班，出现失落、焦急、抑郁、忧伤等身心健康问题。

据调查了解，患节后上班恐惧症的多为年轻白领。这一类人对上班有说不清楚的恐惧，他们不喜欢上班，希望能再多放几天假，甚至幻想着不用上班。特别是节假日后的上班恐惧症，是一种很普遍的情绪障碍。从心理学层面讲，患上节后上班恐惧症的诱因有很多，比如职场人际交往困难以及分离性焦虑，或在工作及其他活动中不顺利，曾经有过遭到委屈、羞辱的经历等。其实，从人的本性来讲，人天生就是一种不愿意面对压力、趋利避害的动物，贪图舒适以及放松不是罪过。如果我们的身体与神经就像是久绷的琴弦或急速行驶的车，那么就很容易过度磨损，使自己疲惫。因此，劳逸结合也是必要的。

其实，要想预防上班恐惧症，重要的是保持一颗平常心。可以说，休息是一种调节剂。不过需要指出的是，休息的时间不能过短也不能过长。假期的时间应该是合适的，之所以有些人在生理以及心理上有不适的感觉，是因为环境适应问题。因此，人们要适时地转换“角色”，即在长假的最后一天从“休闲”状态中走出来，静心梳理上班后该做的事。其实，只要调控适当，就可避免发生上班恐惧症。那么，面对上班恐惧症，人们应该怎么去解决呢？对此，心理专家也提出了几点建议。

1. 学会面对压力

可以说，压力是日常工作和生活的一部分，管理得当，能为你带来工作以及生活的动力，然而如果处理不好或视而不见，那么它就可能成为你工作和生活的阻力与健康的杀手。

因此，当你面对职场压力的时候，你应该学会进行压力管理。学会以最有效的方式，处理外界的要求与施加在你身上的压力。通常来讲，正面压力有时会转变为负面压力，而负面压力也会逆转。而这个转化点，也是因人而异的。因此，在职场中，你应该时刻学会检查自己的压力状况，善用转化能力调适工作压力，带着勇气面对它，这样才能使压力得到化解。面对职场压力的时候，我们要找到产生压力的真正原因，积极地面对而非逃避压力，这样才会变压力为动力，促进我们自身的发展。

学会改变和调整各种内外因素。首先，改变外在压力因素，比如实在受不了就辞职，换一份适合自己的新工作；或者肯定地告诉老板给你的压力不要过大，重新安排你的时间。外在的压力因素对人的影响是很大的，外在环境的调整和改变，将使一些压力得到缓解。而其中的关键还是要发挥自己的主观能动性，积极地去适应或者有意识地去改变。

2. 适当学会放松

你可以舒适地坐在沙发或椅子上，不要有意用劲，什么也不想，把休息的意念送到全身各部位，并想象相关的肌肉做出相应的反应。先放松脚尖，接下来逐渐向上放松脚踝、小腿、大腿、膝盖；松弛到肩部后，再转向两手指尖，从指尖而手指、大臂、手腕、肘、小臂、肩部；最后，按脸面、脖子、头部顺序放松。全身松弛下来后，转入调整呼吸，把注意力集中于肚脐一带，与此同时，缓缓地将肚脐向背部贴近，随之呼气。充分呼气完了后，缓慢而自然地向体内吸气，然后再将肚脐向背部靠近吐气。在这个过程中，身心将均感舒爽，得到心旷神怡的感受，即使是在焦虑不安时，亦会收到驱散焦躁、心情舒畅之效。

3. 注意改变以及调整自己的身体状态，学会休息放松

压力大的时候，应当注意改变以及调整自己的身体状态，学会休息放松，适当地运动与锻炼身体，养成正确的营养饮食习惯，保证充足的睡眠，等等。放松自己，休息是非常重要的。如果长假能以休息为主，适当增加比平时多一些的娱乐，适当增加比平时多一些的家务，适当地与亲友互访以及与家人团聚，等等，那么旧的动力定型就不至于被过大地破坏，节日过后重新建立或恢复也相对比较容易，这样也就不会出现上班恐惧症。解决问题的根本在于尽可能过得轻松愉快。中国古代中医把身心看成是一体的，有很多心理压力会对身体产生影响，身体的健康状况也对心理承受能力产生影响。通常来讲，压力的外在表现只是冰山一角，不过往往却是一个人情绪状态等方面的综合反映。

对于职场中人来说，必须认真对待心理压力、上班恐惧症的问题，并及时采取自我调节的措施。因为，过于沉重的心理压力必将导致身心疾病的产生，损害自身的健康。通常来讲，患“上班恐惧症”的多是年轻人，其诱因很多，如人际交往困难以及分离性焦虑等。因此，要想预防这些症状，减轻自己的压力，可在长假结束后从休闲的状态中走出来，静心思考上班后应该做的事情，保持充足的睡眠。此外，你可以平日多做令自己开心的事，多找朋友聊聊天，或者到户

外做一些运动等。当你在职场中产生压力的时候，你应该及时改变你的内在想法，不要把工作压力带回家，不要总是想着工作中的烦心事。其实，现实职场中的压力，更多地不在于外在的压迫，而在于自己的一些不合理想法，比如职场上你会提出一些过高的不切实际的愿望等。因此，要想调整压力，“退一步”，多想一些轻松愉快的事，是非常有效的方法。

不管怎么讲，压力是我们生活中不可避免的、十分重要的成分。而面对职场上的压力，面对上班的恐惧与厌烦，人们进行压力管理的诀窍就在于学习如何从焦虑中发现一些积极的东西，及时地调整自己的身心状态，适当地锻炼，学会合理地休息，学会合理地放松，从而化解不良职场压力，让自己不再恐惧上班，并能从工作中体会到乐趣。

摒弃工作中“不值得”的心态

心理学家曾经总结出一条非常简单但又普遍适用的规律：不值得定律。对不值得定律最直观的表述就是：不值得做的事情就不值得全身心投入。曾经有这样一个佛家故事：

一个小和尚负责撞钟。依照小和尚的理解，他每天撞一次钟，小和尚觉得这样再简单不过了，每个人都会。因此，他觉得那是毫无意义、不值得做的琐事。不过为了完成师父交代的任务，他也就每天心不在焉地应付撞钟之事。然而让他意想不到的是，半年之后，寺院方丈却宣布调他到后院劈柴挑水，理由是小和尚难以胜任撞钟之职。

小和尚不服气地说：“我撞的钟不准时、不响亮吗？”方丈语重心长地说：“你的钟撞得很响，不过钟声空泛无力，这是因为敲钟的人心中无‘钟’。而钟声不仅是寺里作息的准绳，更重要的是要唤醒沉迷的芸芸众生，达到激浊扬清以及普度众生的目的。为此，钟声不仅要响亮，而且要甜润、深沉、悠远、浑厚。心中无‘钟’，即胸中无佛。作为敲钟者，你不用心、不虔诚，怎能担当神圣的撞钟一职呢？”

其实，在生活中，每一件看似稀松平常的事都有着深刻的内涵。可以说，世界上没有不值得做的事，即使在微不足道的事情当中也包含很多能够让我们去体会感悟的东西。人们只要抱着工作的热情，即使在微不足道的岗位上也能干出不平凡的事业，也会变“不值得”为值得，甚至使之变成自己的兴趣。那么，这样干起工作来也就比较顺利了。

常言道：一分辛勤，一分收获。无论是在什么样的工作岗位上，只要用心做事自然会有回报；而相反地，如果不用心做事，任何伟大的事业也会被践踏得不值一文，最后什么都得不到。

雪松是计算机专业的硕士生，毕业后去了一家大型软件公司工作。工作没多久，他就凭借深厚的专业基础以及出色的工作能力，为公司开发出了一套大型财务管理软件，为此也得到了单位同事的称赞以及领导的肯定。雪松还因此被提升为开发部经理。他不但精通技术，还是一个值得下属信任与尊敬的上司，开发部在他的领导下取得了不凡的业绩。公司老总认为雪松是个人才，就把他提升到总经办，负责全公司的管理工作。接到任命通知后，雪松并不高兴，因为雪松深深知道自己的特长是技术而不是管理，如果去做纯粹的管理工作，不但会使自己的特长无法发挥，还会使自己的专业技能被荒废掉，尤其重要的是自己并不喜欢做管理。可是，碍于领导的权威和面子，雪松还是接受了这份对他来说不值得做的事情。

果然，接下来的一个月，他虽然做了很大的努力，但结果却令人失望，上司也开始对他施加压力。现在的雪松不但感到工作压抑，毫无乐趣，还越来越讨厌工作和这个职位，甚至想到了跳槽。

据了解，职场中人有大约3/4的精力都要花在与工作有关的事情上，而如果这些人一天花这么多时间在一件不值得做的事情上，那么工作恐怕就要变成一件再痛苦不过的差事了，就像雪松一样，甚至还会影响到自己的远大前程。因此，在职场上一定要及时剔除不值得的心理，对于任何工作都应该抱着积极的态度。

从心理学上来讲，不值得定律反映出人们的一种心理，即如果人们做的是一件自认为不值得做的事情，那么往往会心不在焉，敷衍了事。在这样的心态下，不仅成功率小，而且即使成功也不会觉得有多大的成就感。职场中的很多人只关心大的事件，只做大的事情，只重视能够满足虚荣心的出人头地的“大事业”，而对于一些职场中的小事不屑一顾，最后使自己在职场中陷入困境。

不过令人吃惊的是，在当前工作中，受此类不值得定律影响的人，从一般员工到高层管理者比比皆是。很多人之所以平平庸庸一生，就是因为这些人认为很多事情都不值得做，都是杂事琐事。其实，在职场生活中你应该明确的是：职场中没有小的事情，只有不重要和不紧急的事。还有一部分人，有见识、有能力、有魄力，他会去很好地权衡所要做的事情。

做大事情的时候，由于心理作用，人们会认为这是一次“挑战”、一个“机会”、一种“荣誉”，面对困难与挫折毫不退缩，积极调动一切可以调动的资源，全身心地投入，因为他认为这是一件值得做的事情，区区一点辛苦算不了什么。但是，作为普通人，在大部分时间里，很显然都在做一些小事。饭店服务员每天的工作就是对顾客微笑、回答顾客的提问、整理清扫房间、细心服务等小事；士兵每天做的工作就是队列训练、巡逻排查、战术操练、擦拭枪械等小事；公司的秘书每天所做的可能就是接听电话、整理文件、绘制图表之类的小事……也许过于平淡，不过这就是工作，这是成就事业的前提。只有全身心地做好这些平凡小事，才能积累实力，挖掘成长与发展的潜能，否则将会给自己的职场生活带来严重的负面影响。

因此，在职场上你所要明确的是，工作中没有“不值得”的事。即使是最普通最不起眼的工作，我们也不应该敷衍应付或轻视懈怠；相反地，你应该付出全部热情以及努力，多关注怎样把工作做到最好，尽职尽责、全力以赴地完成任务，养成良好的职业素养。

一切事业的成功总是掌握在那些勤勤恳恳、勇于付出的人手上，即使你是一个再平凡不过的员工，只要你在工作岗位上兢兢业业，不怕付出，那么职场上的“好运”也会在你付出的路上等待着你的到来。俗话说：“种瓜得瓜，种豆得豆，有付出才有回报。”这句话在现实的职场工作生活中更是被当作至理名言。没有什么不值得的工作，付出多少就收获多少。

快乐工作，别把工作当苦役

工作的方式有无数种，重要的是要找到最适合自己的方式并且依此方式行事。果真如此的话，你一定会发现自己的工作更有成效，而自己也更快乐，你的生命也会充满更多惊喜。

要看一个人做事的好坏，只要看他工作时的精神和态度就可以了。如果你对工作是被动而非主动的，像奴隶在主人的皮鞭督促之下一样；如果你对工作感觉到厌恶；如果你对工作毫无热诚和爱好之心，无法使工作成为一种享受，只觉得是一种苦役，那你在这个世界上绝不会取得重大的成就。

生活的快乐与否，完全掌握在自己的手中，当我们把工作变成生活中的一种乐趣时，那我们也乐在其中了。为快乐而工作——这就是无悔的选择。

如果想真正从工作中获得快乐，我们就该把工作当作生活中的一种乐趣，而不是当作一种刻板、单调的苦差事。选择你所爱的职业，选择一旦做出，就不要轻易改变你的初衷，要在你所喜欢的职业中尽自己最大的努力做出成绩。

如果你对工作依然存在着抱怨、消极和斤斤计较等想法，把工作看成是苦役，那么，你对工作的热情、忠诚和创造力就无法被最大限度地激发出来，也很难说你的工作是卓有成效的。你只不过是在“过日子”或者“混日子”罢了！

倘若如此，你每日所习惯的工作不仅不是合格的工作，而且简直跟“工作”有点背道而驰了！一些人认为只要准时上班，不迟到、不早退就是完成工作了，就可以心安理得地去领所谓的报酬了。可是，他们没有想到，他们固然是踩着时间的尾巴上下班，可是，他们的工作态度却是死气沉沉的，被动的。

那些每天早出晚归的人不一定是认真工作的人，对他们来说，每天的工作可能是一种负担、一种逃避、一种苦役。他们是在工作中远离了“工作”，不愿意为此多付出一点，更没有将工作看成是获得成功的机会。

因此，在任何时候，你都不能对工作产生厌恶感，或者把工作看成是苦役。

即使你在选择工作时出现了偏差，所做的不是自己感兴趣的工作，也应当努力设法从这种乏味的工作中找出兴趣。要知道，凡是应当做而又必须做的工作，总不可能是完全无意义的。问题全在你对待工作的认知。对工作表现出积极的态度，可以使任何工作都变得有意义。

如果你认为自己的工作是乏味的，是一种苦役，就会产生抵触心理，这终究会导致你的失败。其实，只要你在心中将自己的工作看成是一种享受，看成是一个获得成功的机会，那么，工作中产生厌恶和痛苦的感觉就会消失。不懂得这个秘诀，就无法获得成功与幸福。